21世纪高等院校
信息安全
系列规划教材

云安全
管理与应用

苗春雨　王永琦　卢建云 ◆ 主编

吴鸣旦　李士果 ◆ 副主编

人民邮电出版社

北京

图书在版编目（CIP）数据

云安全管理与应用 / 苗春雨，王永琦，卢建云主编
. -- 北京 ：人民邮电出版社，2021.12（2024.7重印）
ISBN 978-7-115-56748-2

Ⅰ．①云… Ⅱ．①苗… ②王… ③卢… Ⅲ．①计算机
网络－网络安全－高等学校－教材 Ⅳ．①TP393.08

中国版本图书馆CIP数据核字(2021)第127540号

内 容 提 要

本书通过整合云安全相关产业的案例，借鉴国内外云安全认证体系，对云安全管理与应用进行了详细的介绍，内容包括云安全概述、云安全管理、云数据安全、云应用安全、云计算平台安全和云安全应用实践。

本书内容既紧密围绕相关国家标准，又结合当前公有云和私有云平台的安全体系和产品，以杭州安恒信息技术股份有限公司的天池云安全管理平台为依托，将理论知识、安全技术和应用案例有机融合，并配备了完备的教学PPT、实验手册和实践教学视频、课程题库、教学大纲和教案等教学辅助材料。读者也可通过本书中的二维码，注册杭州安恒信息技术有限公司提供的SaaS化试用平台，进行云安全管理平台试用。

本书主要读者对象为高校的计算机科学与技术、信息安全和网络空间安全等专业的学生。本书既可作为专业课教材，也可作为企事业单位从事网络安全保障工作的管理人员和技术人员的专业读本。

◆ 主　编　苗春雨　王永琦　卢建云
　　副主编　吴鸣旦　李士果
　　责任编辑　祝智敏
　　责任印制　王　郁　马振武
◆ 人民邮电出版社出版发行　　北京市丰台区成寿寺路 11 号
　　邮编 100164　电子邮件 315@ptpress.com.cn
　　网址 https://www.ptpress.com.cn
　　北京天宇星印刷厂印刷
◆ 开本：787×1092　1/16
　　印张：12　　　　　　　　　2021 年 12 月第 1 版
　　字数：213 千字　　　　　　2024 年 7 月北京第 2 次印刷

定价：49.80 元

读者服务热线：(010)81055256　印装质量热线：(010)81055316
反盗版热线：(010)81055315
广告经营许可证：京东市监广登字 20170147 号

随着新一代信息技术的发展，云计算（Cloud Computing）已成为大数据、人工智能、物联网等技术应用的强有力基石。在新技术的推动下，云计算技术得到迅速发展，我国的阿里云、腾讯云和百度云等已成为非常热门的云服务提供商。云计算能够提供类型繁多、性价比高的 IT 服务模式，可满足众多个人或企业的个性化需求，并在各行各业得到了广泛应用。

通常云计算系统规模庞大，存储了企业和用户诸多的隐私数据，其开放性和复杂性的特点使其在安全性上面临比传统信息系统更严峻的挑战。2019 年，云安全联盟（Cloud Security Alliance，CSA）发布了2019 年"11 大顶级云计算安全威胁"报告，指出了包括数据泄露、缺乏云安全架构和策略、账户劫持、滥用和恶意使用云服务等在内的 11 项云计算安全威胁。解决好云计算中的安全问题，是云计算产业发展的关键，其中安全性和隐私保护是当前用户评估和采用云计算时重要的考虑因素。

本书作为一本系统介绍云安全管理与应用的图书，深入浅出地探讨云计算中存在的安全风险，针对云计算的 IaaS 层、PaaS 层和 SaaS 层全面阐述相应的安全体系及关键技术，全面介绍云安全管理的手段及应用。本书也为云计算的相关从业人员、使用者、爱好者、潜在用户全面了解云安全风险、安全防护手段提供指南。全书共 6 章，主要内容如下。

第 1 章是云安全概述。首先介绍云计算的发展现状、概念、特点、体系结构、分类及应用，并重点剖析云计算存在的安全风险，让读者对云安全有一个初步的整体认识。最后，阐述典型的云安全应用场景。

第 2 章介绍云安全管理。首先介绍云安全管理的架构体系、服务体系、技术体系和支撑体系，紧接着讲解云安全管理流程，包括规划、实施、检查和处理。随后，介绍国内外的云安全管理标准并分析云安全管理关键领域。最后，引入云安全管理平台，对天池云安全管理平台进行介绍。

第 3 章阐述云数据安全。首先，介绍云数据安全生命周期以及云数据安全风险等。然后，针对云数据安全风险讲解相应的安全措施，包括云数据加密、隔离、备份和删除，并对这些措施的基础理论知识进行介绍。最后，基于云数据库审计和云日志审计两种产品介绍云数据安全应用。

第 4 章介绍云应用安全。先从云应用安全特点、安全风险等进行阐述。然后针对不同的风险介绍相应的安全措施，包括入侵检测、Web应用防火墙和统一威胁管理等技术。最后，通过天池明御 Web 应用防火墙、天池玄武盾云防护平台和天池网站卫士网页防篡改系统对云应用安全进行实践。

第 5 章阐述云计算平台安全。包括云计算平台物理安全、虚拟化安全，并指出云计算平台安全风险。然后介绍云计算平台相应安全风险的防护措施，如物理安全措施、虚拟化安全措施和运维安全措施等。最后通过天池主机安全及管理系统、天池安全网关和天池云堡垒机进行云计算平台安全实践。

第 6 章是云安全应用实践。通过应用案例介绍不同行业的云安全应用实践，包括政务云安全应用实践、教育管理云安全应用实践和教育实验云安全应用实践。在应用实践中，描述了云安全需求、云安全风险及相应的应对措施等。

本书部分内容来自编者长期的安全实践经验及研究成果。在编写本书的过程中，编者广泛收集了国内外相关材料，参考了大量的业界研究成果和相关技术资料，并引用了部分材料，在此向其著作人表示感谢。由于编者水平有限，书中难免存在不足之处，欢迎各位读者批评指正。

编者

2021 年 10 月

CONTENTS

目录

01 chapter

云安全概述

学习目标

1. 掌握云计算的概念、特点、体系结构和分类
2. 了解云计算在不同行业的应用
3. 理解云计算面临的安全风险与挑战
4. 掌握云安全概念、特点及设计原则
5. 熟悉典型的云安全应用

云计算是计算资源的一种新型应用模式。用户以购买服务的方式，通过网络获得计算资源、存储资源、软件等不同类型的资源，仅需较低的使用成本即可获得优质的IT资源和服务，避免了前期基础设施建设的大量投入。云计算给用户带来灵活性和经济效益的同时引入了新的安全风险。开发人员应深入分析云计算面临的安全风险，并从多个维度深入剖析云计算建设和应用时的多种安全设计，降低安全风险，消除用户疑虑。只有解决了云计算的安全问题，云计算的发展前景才能更广阔。本章主要从云计算基础、云计算应用、云计算安全风险、云安全基础、云安全应用这几方面介绍云安全的基础知识。

1.1 云计算基础

云计算已经发展为当前IT领域的一个热点。那么，什么是云计算？云计算的发展现状、概念、结构又是什么？为此，本节将首先介绍云计算的概念、特点、体系结构和分类，然后介绍云计算的国内外发展现状，使读者对云计算基础有初步了解。

1.1.1 云计算概念

云计算是信息时代生产工具的一次大飞跃，例如，20世纪60年代是"大型机时代"，20世纪80年代是"个人电脑和局域网时代"，20世纪90年代至今是"互联网时代"，而未来则可能是"云计算时代"。通常，我们认为云计算会给用户带来革命性体验，例如，在个人终端甚至移动终端上享受超级计算机的能力，性价比提升5倍以上。

尽管当前有很多关于云计算的定义（如维基百科、IBM、Gartner等机构都有自己的定义），但总体来说它们都是大同小异的。下面列出了不同机构对云计算的定义。

①美国国家标准与技术研究院（National Institute of Standards and Technology，NIST）对云计算的定义：云计算是一种资源利用模式，它能以方便、友好的方式通过网络按需访问可配置的计算机资源池，例如网络、服务器、存储、应用程序和服务，并以较小的管理代价快速提供服务。

②美国加州大学伯克利分校在《伯克利云计算白皮书》中对云计算的定义：云计算是互联网上的应用服务，以及在数据中心提供这些服务的软硬件设施。互联网上的应用服务一直被称作"软件即服务"，而数据中心的软硬件设施就是所谓的"云"。

③微软对云计算的定义：云计算就是通过标准和协议，以实用工具形式提供的计算功能。

④IBM对云计算的定义：云计算是一种新的用户体验和业务模式。它是一个计算资

源池，并将应用、数据及其他资源以服务的形式通过网络提供给最终用户。同时，云计算也是一种新的架构管理方法。它采用一种新的方式来管理大量虚拟化资源，从管理的角度来看云计算，它可以将多个小型的资源组装成大型的资源池，也可以将大型资源虚拟化成多个小型资源，而最终目的都是提供服务。

⑤亚马逊对云计算的定义：云计算是通过互联网以按使用量定价的方式付费的 IT 资源和按需交付的应用程序。

⑥我国相关部门在参考了国际组织和其他国家相关标准及法规后，于 2014 年发布国家标准 GB/T 31167-2014《信息安全技术 云计算服务安全指南》，其中对云计算的定义是：通过网络访问可扩展的、灵活的物理或虚拟共享资源池，并按需自助获取和管理资源的模式。其中，资源实例包括服务器、操作系统、网络、软件、应用和存储设备等。

同时，该标准对云计算涉及的相关术语进行了定义。

• 云计算服务：使用定义的接口，借助云计算提供一种或多种资源的能力。可简称云服务。

• 云服务商：云计算服务的供应方。云服务商管理、运营、支撑云计算的基础设施及软件，通过网络交付云计算的资源。

• 云计算服务用户：为使用云计算服务同云服务商建立商业关系的参与方。可简称用户。

• 第三方评估机构：独立于云计算服务相关方的专业评估机构。

• 云计算基础设施：由硬件资源和资源抽象控制组件构成的支撑云计算的基础设施。硬件资源指所有的物理计算资源，包括服务器（CPU、内存等）、存储组件（硬盘等）、网络组件（路由器、防火墙、交换机、网络链接和接口等）及其他物理计算基础元素。资源抽象控制组件对物理计算资源进行软件抽象，云服务商通过这些组件提供和管理用户对物理计算资源的访问。

• 云计算平台：云服务商提供的云计算基础设施及其上的服务软件的集合。可简称云平台。

• 云计算环境：云服务商提供的云计算平台及用户在云计算平台上部署的软件及相关组件的集合。

1.1.2 云计算特点

GB/T 31167-2014《信息安全技术 云计算服务安全指南》中描述了云计算的 5 个特点。

1．按需服务

在不需或仅需较少云服务商人员参与的情况下，用户能根据需要获得所需计算资源，如自主确定资源占用时间和数量等。例如对于基础设施即服务（Infrastructure as a Service，IaaS），用户可以通过云服务商的网站自助选择需要购买的虚拟机数量、每台虚拟机的配置（包括 CPU 数量、内存容量、磁盘空间、对外网络带宽等）、服务使用时间等。

2．泛在接入

用户通过标准接入机制，利用计算机、移动电话、平板电脑等各种终端通过网络可随时随地使用服务。云计算的泛在接入特征使用户可以在不同的环境下访问服务，提高服务的可用性。

3．资源池化

云服务商将资源（如计算资源、存储资源、网络资源等）提供给多个用户使用，这些物理的、虚拟的资源根据用户需求进行动态分配或重新分配。

构建资源池也就是通过虚拟化的方式将服务器、存储、网络等资源组织成一个巨大的资源池。云计算基于资源池进行资源分配，从而消除物理边界，提升资源利用率。云计算资源在云计算平台上以资源池的形式提供统一管理和分配，使资源配置更加灵活。通常情况下，规划和购置 IT 资源都要满足应用峰值以及五年计划需求的条件，若不满足则可能会导致实际运行过程中资源无法充分利用、利用率低，而云计算服务有效地降低了硬件及运行维护成本。同时，用户使用云计算服务时不必了解提供服务的计算资源（如网络带宽、存储、内存和虚拟机等）所在的具体物理位置和存在形式。但是，用户可以在更高层面（如国家、地区或数据中心等）指定资源的位置。

4．快速伸缩性

用户可以根据需要快速、灵活、方便地获取和释放计算资源。对于用户来讲，这种资源是"无限"的，能在任何时候获得所需资源量。

云服务商能提供快速和弹性的云计算服务，用户能够在任何位置和任何时间获取需要的计算资源。计算资源的数量没有"界限"，用户可根据需求快速向上或向下扩展计算资源，没有时间限制。从时间代价上来讲，云服务商可以在几分钟之内实现计算能力的扩展或缩减，可以在几小时之内完成上百台虚拟机的创建。

5．服务可计量

云计算可按照多种计量方式（如按次付费或充值使用等）自动控制或量化资源，计量的对象可以是存储空间、计算能力、网络带宽或账户数等。

该特性一方面可以指导资源配置优化、容量规划和访问控制等任务；另一方面可以监视、控制、报告资源的使用情况，让云服务商和用户及时了解资源使用明细，增加用户对云计算服务的信任度。

1.1.3 云计算体系结构

云计算能够按需提供弹性资源，它的表现形式是一系列服务的集合。结合当前云计算的发展现状，其体系结构可分为 4 层，包括基础设施即服务层、平台即服务（Platform as a Service，PaaS）层、软件即服务（Software as a Service，SaaS）层、用户访问接口层，如图 1-1 所示。其中 SaaS 及 PaaS 均是以 IaaS 为基础的，这些服务具有可靠性高、可用性高、规模可伸缩等特点，满足多样化的应用需求。用户访问接口层实现端到云的访问。

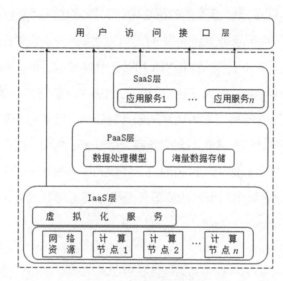

图 1-1 云计算体系结构

1. IaaS 层

IaaS 层提供硬件基础设施部署服务，为用户按需提供实体或虚拟的计算、存储和网络等资源。在使用 IaaS 层服务的过程中，用户需要向 IaaS 层服务提供商提供基础设施的配置信息、运行于基础设施的程序代码以及相关的用户数据。由于数据中心是 IaaS 层的基础，因此数据中心的管理和优化非常重要。另外，为了优化硬件资源的分配，IaaS 层引入了虚拟化技术。借助于 Xen、KVM、VMware 等虚拟化工具，可以提供可靠性高、可定制性强、规模可扩展的 IaaS 层服务。

2. PaaS 层

PaaS 层是云计算应用程序运行环境，提供应用程序部署与管理服务。通过 PaaS 层的软件工具和开发语言，应用程序开发者上传程序代码和数据即可使用服务，而不必关心底层的网络、存储、操作系统的管理问题。由于目前互联网应用平台（如 Facebook、谷歌、淘宝等）的数据量日趋庞大，PaaS 层应当充分考虑对海量数据的存储与处理能力，并利用有效的资源管理与调度策略提高处理效率。

3. SaaS 层

SaaS 层提供基于云计算基础平台开发的应用服务。企业可以通过租用 SaaS 层服务解决企业信息化问题，如企业通过 Exchange 建立属于该企业的电子邮件服务，该服务托管于微软的数据中心，企业不必考虑服务器的管理、维护问题。对于普通用户来讲，SaaS 层服务将桌面应用程序迁移到互联网，可实现应用程序的泛在访问。

4. 用户访问接口层

用户访问接口层实现了云计算服务的泛在访问，通常包括命令行、Web 服务、Web 门户等模式。命令行和 Web 服务的访问模式既可以为终端设备提供应用程序开发接口，又便于多种服务的组合。Web 门户是访问接口的另一种模式。通过 Web 门户，云计算将用户的桌面应用迁移到互联网，从而使用户随时随地通过浏览器访问数据和程序，提高工作效率。虽然用户可通过访问接口使用便利的云计算服务，但是由于不同云服务商提供的接口标准不同，导致用户数据不能在不同服务商之间迁移。为此，在英特尔、Sun 和 Cisco 等公司的倡导下，云计算互操作论坛宣告成立，并致力于开发统一的云计算接口，以实现"全球环境下，不同企业之间可利用云计算服务无缝协同工作"的目标。

1.1.4 云计算分类

云计算作为发展中的概念，尚未有全球统一的分类标准。根据目前业界基本达成的共识，可以从不同角度将其分成两大类别，即按服务模式分类和按运营模式分类。

1. 按服务模式分类

根据云服务商提供的资源类型不同，云计算的服务模式主要分为 3 类：IaaS、PaaS、SaaS。

（1）IaaS

IaaS 是指云服务商将计算、存储、网络等资源封装成服务供用户使用，无论是普通用户、SaaS 供应商还是 PaaS 供应商都可以从 IaaS 中获得所需的计算资源，用户无须购买 IT 硬件。典型的 IaaS 有亚马逊的 EC2 和简单存储服务 S3。相比于传统的用户自行购置硬件的使用方式，IaaS 允许用户按需使用硬件资源，并按照具体使用量计费。从用户角度看，IaaS 能同时为多个用户提供服务，因而具有更高的资源利用率。通常情况下，可以根据 CPU 使用小时数、占用的网络带宽、网络设施（如 IP 地址）使用小时数和是否使用增值服务（如监控、服务自动伸缩）等方式计量费用。

与 SaaS 和 PaaS 用户不同的是，IaaS 用户承担了更多的责任。用户要管理虚拟机，承担操作系统管理的工作。使用 IaaS 的用户更容易实现与传统应用的交互和移植，能够更灵活、高效地租用计算资源。同时，用户也面临很多问题，例如，将传统的应用软件部署到 IaaS 的同时可能会引发传统软件系统的漏洞所带来的安全威胁；用户可以在 IaaS 上创建和维护多个不同状态（如运行、暂停和关闭）的虚拟机，也要负责虚拟机安全的维护、更新等工作。

（2）PaaS

PaaS 是指云服务商为用户提供软件开发、测试、部署和管理所需的软硬件资源，能够支持大量用户，处理海量数据。在这种服务模式中，PaaS 提供整套程序设计语言关联的软件开发工具包（Software Development Kit，SDK）和测试环境等，包括开发和运行时所需的数据库、Web 服务、开发工具和操作系统等资源，用户利用 PaaS 平台能够快速创建、测试和部署应用、服务。PaaS 提供的工具包和服务可以用于开发各种类型的应用，PaaS 用户包括应用软件的设计者、开发者、测试人员、实施人员、应用管理者。

典型的 PaaS 包括谷歌的 App Engine 和微软的 Azure。PaaS 负责资源的动态扩展、容错管理和节点间耦合，但用户的自主权会相应地降低，必须使用特定的编程环境并遵照特定的编程模型。

（3）SaaS

SaaS 是指云服务商将应用软件功能封装成服务，使用户能通过网络获取服务。云服务商负责软件的安装、管理和维护工作，用户可对软件进行有限的配置管理。用户无须将软件安装在自己的计算机或服务器上，而是按某种服务等级协定（Service Level Agreement，SLA）通过网络获取所需要的、带有相应软件功能的云计算服务。例如，用户通过云计算服务向其用户提供典型的办公软件或邮件等，终端用户使用软件应用，软件应用的管理者可以配置应用，用户可以按需使用软件和管理软件的数据。

2. 按运营模式分类

根据使用云计算平台的用户范围的不同，可将云计算分为 3 种模式：公有云、私有云和混合云。

（1）公有云

公有云是开放式服务，能够为所有人提供服务。公有云之所以称为"公有"，是因为它使用户能够访问和共享基本的计算机基础设施，其中包括硬件、存储和带宽等资源。

除了通过网络使用公有云提供的服务外,用户只需为他们使用的资源支付电费。此外,由于组织可以访问云服务供应商提供的云计算基础设施,因此用户无须担心自己设施的安装和维护的问题。

公有云的一个缺点与安全有关。公有云通常不能满足许多安全法规遵从性要求,因为不同的服务器驻留在多个国家,并具有各种安全法规。而且,网络问题可能发生在在线流量峰值期间。

（2）私有云

私有云的特点是云基础设施为某个独立的组织或机构运营。云基础设施的建立、管理和运营既可以是用户自己,即自有私有云,也可以是其他组织或结构,即外包私有云。与公有云相比,私有云可以使用户更好地控制基础设施,保证了更高的安全性。

私有云的缺点是安装成本高。此外,企业仅限于使用合同中规定的云计算基础设施资源。私有云的高度安全性可能会使远程访问也变得很困难。

（3）混合云

混合云提供了来自不同云服务供应商的多个选项。借助混合云,数据和应用程序可以在私有云和公有云之间"移动"。例如,用户可以选择将数据存储在私有云中,同时在公有云中运行应用程序。

混合云的优点是它允许用户利用公有云和私有云的优势。它还为应用程序在多云环境中的移动提供了极大的灵活性。此外,混合云模式具有成本效益,因为企业可以根据需要决定使用成本更高的云计算资源。

混合云的缺点是其复杂度会增加维护成本。此外,由于混合云是不同的云计算平台、数据和应用程序的组合,因此整合它们可能是一项挑战。在开发混合云时,基础设施之间可能会出现兼容性问题。

1.1.5 云计算发展现状

云计算的出现是技术和计算模式不断发展和演变的结果。云计算的基础思想可以追溯到半个世纪以前。几十年来,计算模式的发展经历了早期的单主机模式、个人计算机普及后的用户机/服务器（Client/Server,C/S）模式、网络时代的浏览器/服务器（Browser/Server,B/S）模式的变迁,如今大量的软件以服务的形式通过互联网提供给用户,传统的互联网数据中心逐渐不能满足新环境下业务的需求,于是云计算应运而生。下面介绍云计算在国内外的发展现状。

1. 国外云计算发展现状

美国是云计算概念的发源地，早在 2006 年，美国就开始对云计算技术开展研发工作。美国具有全世界领先的互联网企业，如微软、谷歌、亚马逊、IBM、甲骨文等，占领了全球大部分云计算服务市场。云计算服务既可以降低互联网创业的成本，还可以帮助初创企业形成可持续的创新商业模式，在很大程度上有利于企业控制运营风险。

近年来，了解到云计算将会给企业带来很大的发展机遇，给用户提供更便捷的服务，也看到随之会带来巨大经济、社会效益的潜力，各国都非常重视云计算的发展，纷纷出台相关政策鼓励并且规范云计算的发展，甚至政府带头应用云计算服务。欧盟在推动云计算发展时首先致力于建设规范的云计算标准，移除欧盟成员国彼此之间在数据保护、信息安全上的政策阻碍，打造真正的共同体，驱动云计算的创新和市场规模增长。

日本也高度重视信息技术的发展，相继拟定多项信息发展战略，推动信息技术的应用普及。日本的互联网产业水平一直处在世界前列，国民经济对互联网产业依赖程度很高，所以日本主要采用政策引导、政府投资和个人资本相互结合的方式推动云计算的发展。目前，日本的中央行政机构、医疗行业、教育行业等都在应用云计算。但是，日本目前并没有处于领先地位的云计算服务企业。

2. 国内云计算发展现状

近年来，我国政府高度重视云计算产业的发展和应用，发布了一系列政策鼓励、规范云计算的发展。2012 年 9 月，科学技术部发布的《中国云科技发展"十二五"专项规划》，对我国云计算的发展具有十分重要的意义，大大提升了用户和企业对云计算的认可度。2018 年我国云计算服务产业规模持续增长，达到 962.8 亿元，同比增长 39.2%；据预测，到 2021 年将破 2000 亿元，我国云计算已然从前期的起步阶段进入实质性发展新阶段。

虽然我国政府注重创造云计算发展的良好正常环境，出台了关于促进云计算创业发展、大数据发展的行动纲领等一系列的政策，但是我国云计算发展整体环境尚不理想，制约了整个云计算技术的发展速度。

我国云计算比较有代表性的企业和项目有阿里巴巴的阿里云、腾讯的腾讯云、百度的智能云、浪潮的浪潮云、中国电信的天翼云、华为的 FusionCloud 等，这些企业大力进行云计算相关项目的研发，为我国云计算的进一步发展提供了非常有力的支撑。当前，我国政府和金融、医疗、教育、金融、电信、交通等领域都在信息化建设过程中实践云计算，通过云计算服务试点示范，带动我国云计算产业发展。

本节主要介绍云计算的典型应用案例，案例覆盖了教育、医疗和交通行业，进而分析云计算服务的特点。

1.2.1 教育行业

云计算在教育领域中的迁移称为"教育云"，它是未来教育信息化的基础架构，包括了教育信息化所必需的一切硬件计算资源，这些资源经虚拟化之后，向教育机构、教育从业人员和学员提供一个良好的平台，该平台的作用就是为教育领域提供云计算服务。

教育云包括：成绩系统、综合素质评价系统、选修课系统、数字图书馆系统等。

2015 年 5 月 11 日，华为云计算服务玉溪基地开通运行暨玉溪教育云上线仪式举行，这是华为云计算服务携手玉溪民生领域的首次成功运用。

"玉溪教育云"是云南首个完全按照云计算技术框架搭建和设计开发的专业教育教学平台，平台依托华为云计算中心，以应用为导向，积极探索现代信息技术与教育的深度融合，以教育信息化促进教育理念和教育模式创新，充分发挥其在教育改革和发展中的支撑与引领作用。

1.2.2 医疗行业

如今云计算在医疗领域的贡献让广大医院和医生均赞不绝口。从挂号到病例管理，从传统的询问病情到借助云系统会诊，这一切的创新技术，修补了传统医疗上的很多漏洞，同时也方便了患者和医生。

在云计算等 IT 技术不断完善的今天，出现了像云教育、云搜索等"言必语云"的"云端应用"，一般的 IT 环境可能已经不适合许多医疗应用，医疗行业必须更进一步，建立专门满足医疗行业安全性和可用性要求的医疗环境——"云医疗"应运而生。它是 IT 技术不断发展的必然产物，也是今后医疗技术发展的必然方向。

云医疗主要包括医疗健康信息平台、云医疗远程诊断及会诊系统、云医疗远程监护系统以及云医疗教育系统等。

典型的医疗行业应用是美国礼来公司运用云计算服务模式开发的低成本、高效益的案例。创建于 1876 年的礼来公司现已发展为全球十大制药企业之一，跻身世界 500 强企业。目前，礼来公司使用谷歌、AWS 等公司的解决方案实现快速安装、部署新的计算资源。通过转变和整合，礼来公司大量减少了部署新计算资源的时间，从而大幅度减少了研发新药品项目的启动时间，进而加快了新药品上市进程。礼来公司运用云计算服务，将固定支出模式转为浮动支出模式，削减了 IT 固定资产和相关费用的投入，同时满足了及时获取强大计算能力的要求。

1.2.3　交通行业

随着科技的发展和智能化的推进，交通信息化也在国家布局之中。通过初步搭建起来的云资源，相关部门统一指挥，高效调度平台里的资源，处理交通堵塞，其应对突发事件的能力有显著提升。

云交通是指在云计算中整合现有资源，并能够针对未来的交通行业发展整合将来所需求的各种硬件、软件、数据等。针对交通行业的需求——基础建设、交通信息发布、交通企业增值服务、交通指挥决策支持及交通仿真模拟等，云交通要能够全面满足开发系统的资源需求，能够快速满足突发系统需求。

云交通的贡献主要在于：将借鉴全球先进的交通管理经验，打造立体交通，解决城市发展中的交通问题。

具体而言，云交通将包括地下新型窄幅多轨地铁系统、电动步道系统，地面新型窄幅轨道交通，半空天桥人行交通、悬挂轨道交通，空中短程太阳能飞行器交通等。

云交通中心将全面负责各种交通工具的管制，并利用云计算中心，向个体的云终端提供全面的交通指引和指示标识等服务。

作为国内首个运行在公安内网上的省级交通大数据云计算平台，贵州公安交警云计算平台由贵州省公安厅交警总队采用以阿里云为主的云计算技术搭建，可为公共服务、交通管理、警务实战提供云计算和大数据支持，有交通管理"最强大脑"之称。

现在，云计算平台的建立使机器智能识别成为可能，通过对车辆图片进行结构化处理并与原有真实车辆图片进行对比，车辆分析智能云计算平台能瞬间判别路面上的一辆车是假牌车还是套牌车。

1.3　云计算安全风险

随着云计算的普及，安全问题逐渐成为制约其发展的重要因素。云计算将计算资源、存储资源和网络资源等转化为一种共享的公共资源，这使得 IT 资产透明度和用户对资产的控制性降低，因此用户在采用云计算服务时会产生诸多安全顾虑。为了推动云计算技术发展，让用户放心地将数据和业务部署或迁移到社会化云计算平台，并交付给云服务供应商管理，全面分析并着手解决云计算所面临的各种安全风险至关重要。本节将从云计算面临的技术安全风险、管理安全风险和法律法规安全风险 3 个方面剖析云计算安全风险。

1.3.1　云计算技术安全风险

由云计算特点及体系结构可以看出，用户在使用云计算服务时，数据、存储、应用等一切均在云端，即在用户掌控范围之外的云服务商手中，云服务商对用户数据具有优先访问权，风险问题由此而生。云计算除了存在网络和信息安全的传统风险，还有特有的技术安全风险。

在深入分析云计算特点及体系结构和大量文献的基础上，我们认为云计算存在如下技术安全风险，如表 1-1 所示。

表 1-1　云计算技术安全风险

序号	技术安全风险名称
1	虚拟化技术安全风险
2	数据加密技术安全风险
3	身份认证和访问管理技术安全风险
4	数据销毁技术安全风险
5	数据移植及接口安全风险
6	数据隔离技术安全风险
7	数据切分技术安全风险
8	反病毒和入侵检测技术安全风险

1.　虚拟化技术安全风险

云计算关键的技术是虚拟化技术，云计算主要实现的功能为资源的虚拟化和服务化，云计算的虚拟化是构成数据共享中心的核心，也是促使网络异构资源实现共享化、标准化、平台化的核心。云计算的顺利实施离不开虚拟化技术的支持，虚拟化技术使云计算具有实时扩展性并且有效提升了服务器的利用率。然而，不安全的虚拟化软件可能会造成用户的非法操作和非法访问，如果底层应用程序存在安全漏洞，不法分子利用这些存在的漏洞入侵，入侵成功之后，能够窃取用户的数据。如 2009 年 5 月，VMware 虚拟软件的 macOS 版被曝光存在一个严重的安全漏洞，恶意人员可以利用该漏洞通过 Windows 虚拟机在 macOS 主机上执行恶意代码，从而窃取用户的数据，严重威胁了用户的数据安全。

2.　数据加密技术安全风险

对数据进行加密处理的主要目的是保证数据在存储、传输、迁移过程中的安全性。数据加密可以采用对称加密、公钥加密等传统的技术，这些加密技术相对较成熟。对数据进行实时加密，即使其他人获取到数据，也无法使用，能够降低数据泄露等风险。但是，如果云服务商的加密算法脆弱，被黑客等不法分子破解，将直接导致用户的数据泄露。其次，如果云服务商已采取成熟的加密技术，但是由于某些原因造成密钥丢失，将导致用户无法对自己的数据进行解密，造成数据毁坏或无法使用。

3. 身份认证和访问管理技术安全风险

身份认证和访问管理（Identity and Access Management，IAM）是用来管理数字身份、资源访问、审计的技术。云服务商必须引入严格的身份认证和访问控制技术，确保系统的资源被合法用户安全访问和使用。如果云服务商的身份认证和访问控制技术存在缺陷或者安全漏洞，则用户的登录账号、密码可能被仿冒或者被其他用户越权访问，从而造成用户的数据或隐私泄露，这是数据泄露不可忽略的因素。

4. 数据销毁技术安全风险

数据残留是数据在被以某种形式擦除后所残留的物理表现，存储介质被擦除后可能留有一些物理特性，使数据能够被重建。因此，云计算平台中的数据销毁技术如果无法彻底地销毁用户数据，则意味着数据能够被恶意恢复，一旦恢复将造成用户数据泄露。其次，用户将重要数据存储在云中，云服务商为了保证数据的安全性和完整性，必然对用户的数据进行一次或多次容灾备份操作，其将备份数据存放在不同的服务器上，以便发生意外状况时能够及时恢复用户数据。但是，当用户服务到期或由于某些原因和云服务商终止合作时，如果备份的数据不能被彻底销毁，在对服务器检修或者更换时，未被销毁的数据同样面临泄露等风险。

5. 数据移植及接口安全风险

云计算将资源整合到云中，并通过应用程序接口（Application Program Interface，API）将服务提供给用户，并且云计算服务的管理、配置和监控都是通过 API 实施的，这些 API 的安全性决定了云计算平台的安全性和可用性。不安全的 API 暴露了云计算平台存在的安全风险，而通过不安全的 API 恶意攻击云计算平台，成功概率会大幅提高，这威胁到云计算平台的安全。其次，目前接口、数据输入/输出等方面的技术未形成统一的标准，云服务商的云计算平台所使用的操作方式和采用的接口技术往往是不同的，这就造成用户将数据从一家云服务商迁移到另一家是不可行的，数据移植难以实施，甚至在移植过程中造成数据泄露或损坏的风险。

6. 数据隔离技术安全风险

用户众多、数据繁杂多样是云计算系统的一个特点，不同的用户享有不同的数据，他们的数据可能存放于同一存储介质上，不同用户的数据之间应该完全隔离，这样能够保证用户数据的独立性和安全性。但是，如果隔离机制脆弱或者隔离失败，用户数据的界限被打破，将会导致用户非法访问其他用户的数据，造成其他用户数据被窥探、盗取等安全风险。

7．数据切分技术安全风险

用户将自己的数据加密之后上传至云端，理论上可以保障数据的安全性和完整性，但是，如果不法分子获取到用户完整的加密数据，便可以采用暴力破解的方法解密，一旦解密成功就会获取到有用的数据。所以，云服务商通常会对用户的数据进行切分，然后将其存储在不同的服务器上，这样做即使别人获取到了数据，也无法得到完整的内容。但是采用这种技术措施时如果设备出现故障，可能会造成部分数据丢失，导致用户的数据不完整。

8．反病毒和入侵检测技术安全风险

入侵检测以及病毒的防护一直以来都是网络安全的重要内容，由于云计算平台变得越来越庞大、病毒种类日益复杂、安全漏洞日益涌现，云计算平台安全防护难度也随之增大。由于云计算平台存放着海量的用户重要数据，对攻击者来说具有较大的诱惑力，如果云计算平台入侵检测系统存在疏漏或者无法及时发现并隔离病毒，一旦攻击者通过某种方式成功攻击云系统或者使云系统遭到病毒感染，将会给云服务商和用户带来毁灭性的灾难，严重威胁云计算平台的安全。2009 年，亚马逊的 S3 先后多次遭到黑客和病毒攻击，造成服务中断。

1.3.2 云计算管理安全风险

数据的所有权与管理权分离是云计算服务模式的重要特点，用户并不直接控制云计算系统，对系统的防护依赖于云服务商。在这种情况下，除了技术安全风险，云服务商的管理规范程度、双方安全边界划分是否清晰等将直接影响用户应用和数据的安全。表 1-2 列出了若干管理安全风险。

表 1-2　云计算管理安全风险

序号	管理安全风险名称
1	物理设备管理风险
2	云服务商内部员工管理风险
3	用户管理风险
4	软件使用管理风险

1. 物理设备管理风险

物理设备的正常使用和安全管理，能够有效地保证云计算服务的正常进行，是云计算系统平台安全有力的保障和基础。服务器、网络、电源、网线、电线等均属于物理设备，若云服务商缺乏严格的物理设备管理条例或者手册说明，无法做到定期检查并排除物理设备安全隐患，那么其中任何一个设备发生故障都将导致云计算服务中断，造成无法估量的损失。

2. 云服务商内部员工管理风险

用户将数据上传到云计算平台，就相当于云服务商对用户的数据具有优先掌控权，而且这些企业数据是相当有价值的，在巨大的利益面前，如果云服务商存在员工管理措施不到位、员工身份审核不严密等问题，有可能会有内部员工窃取和破坏用户数据的恶意行为发生。其次，如果云服务商工作流程、权限等级分配不当，致使员工安全意识差、职责混乱，甚至由于员工的错误操作而导致云计算服务中断等问题。美国谷歌公司 2018 年 9 月用户隐私泄露事件便是员工滥用职权导致的。

3. 用户管理风险

云计算服务是按需收费或者免费的，并且这些服务可以弹性地、几乎无限制地扩展，云服务商对登记注册用户的身份和背景缺乏严格的审查和监管，任何个人和企业都可以随便使用云计算服务，这导致许多的恶意分子利用云计算本身的特点从事一些非法的活动，如因为云计算具有超强的计算能力和性能，他们利用云计算平台去攻击其他的平台或者暴力破解密码等，这会给云计算平台带来极大的安全隐患。

4. 软件使用管理风险

用户在使用云计算平台的过程中，会根据自己的需要使用相应的软件服务，第三方也会在云计算平台为用户提供不同的软件，而用户无法判别这些软件的安全性与合法性。同样，第三方在发布软件的过程中，云服务商未对第三方身份进行审核，并且未对软件的安全性进行检测，缺乏相关的管理工作，会使云计算平台中的软件杂乱不堪。其中的不安全软件一旦被用户使用，会导致用户数据遭到窃取或者云计算平台遭到攻击。如 2016 年 9 月国际 CDN 厂商 Cloudflare API 秘钥安全漏洞，导致数百万网络托管用户数据泄露。

1.3.3　云计算法律法规安全风险

为了切实保障信息安全，相关法律法规对信息安全的基本原则和基本制度、信息监管和隐私保护、违反信息安全行为的犯罪取证及处罚措施等都做出了明确的规定。良好的法律环境是信息安全保障体系建设中非常重要的一环，云安全体系作为信息安全保障体系中的一部分，也必须考虑到企业政策和法律法规的相关规定。然而，云计算作为一种新型的服务模式，其具有的虚拟性及国际性等特点催生出许多法律和监管层面的问题，使云计算服务面临多方面的法律法规安全风险。

1. 数据跨境流动

云计算具有地域性弱、信息流动性强的特点。由于云数据中心可能存在于世界的不同地方，因此，用户数据可能被跨境存储。另外，当云服务商要对数据进行备份或对服务器架构进行调整时，用户数据可能需要转移，因而数据在传输过程中可能跨越多个国家或地区，产生跨境传输问题。对于是否允许本国或本地区的数据跨境存储和跨境传输，每个国家或地区都有相关的法律要求，而云计算服务中的数据跨境可能会违反云用户所在国家或地区的法律要求。

2. 隐私保护

在云计算环境中，用户数据存储在云中，加大了用户隐私泄露的风险，保护用户隐私已成重要议题。在云计算服务中，云服务商需要切实保障用户隐私，不能让非授权用户以任何方法、任何形式获取用户的隐私信息。

3. 安全性评价与责任认定

云服务商和用户之间通过合同来规定双方的权利与义务，明确安全事故发生后的责任认定及赔偿方法，从而确保双方利益都能得到保障。然而，目前云安全标准及评测体系尚未建立，云用户的安全目标和云服务商的安全服务能力无法参照统一标准度量，在出现安全事故时也无法根据统一标准进行责任认定。因此，云服务商和用户之间签订的合同的合规性、合法性无法得到认定，一旦发生安全事故，云服务商和用户可能会各持己见，根据不同的标准进行责任认定，确保自己的利益最大化，由此会产生许多争议和纠纷。

1.4 云安全基础

针对信息服务、安全管理等，国内外都制订了许多相关的标准和规范，但尚未有专门针对云安全管理的标准。云计算作为一种新的信息系统，需要结合自身特点，并借鉴信息服务、安全管理等多个相关标准，形成云安全管理标准框架。

1.4.1 云安全概念

紧随云计算、云存储之后，出现了云安全的概念。云安全是我国企业创造的概念，在国际云计算领域独树一帜。它融合了并行处理、网格计算、未知病毒行为判断等新兴技术和概念，通过网状的用户端对网络中软件行为的异常进行监测，获取互联网中病毒、恶意程序的最新信息，将其传送到 Server 端进行自动分析和处理，再把病毒和恶意程序的解决方案分发到每一个用户端。

云安全包括两个方面，首先是对云计算技术自身的安全保护工作，也称云计算安全，主要包括保障云计算中数据完整和机密性、服务可用性，以及隐私权保护等。其次是通过云的方式为互联网用户提供安全防卫措施，也就是云计算技术在计算机互联网安全领域的应用，称为安全云计算，例如基于云计算的木马检测技术、病毒防治技术等。云计算技术的使用可以进一步保障安全系统的服务功能。

目前，云安全的研究方向主要集中在 3 个方面：一是云安全，其主要研究包括如何保障云自身及其上的各种应用的安全，包括云计算系统安全、用户数据的安全存储与隔离、用户接入认证、信息传输安全、网络攻击防护、合规审计等；二是安全基础设施的云化，其主要研究包括如何采用云计算技术新建与整合安全基础设施资源，优化安全防护机制，包括通过云计算技术构建超大规模安全事件、信息采集与处理平台，实现对海量信息的采集与关联分析，提升全网安全事件把控能力及风险控制能力；三是云安全服务，其主要研究包括各种基于云计算平台为用户提供的安全服务，如防病毒服务等。

1.4.2　云安全特点

云计算作为一种新的计算模式，其安全建设必然与传统信息安全建设存在区别。从安全原则上来看，云安全与传统信息安全并无本质区别。从安全目标上来看，两者目标一致，即保护系统免受攻击，保护数据的机密性、完整性和可用性。从保护对象上来看，传统信息安全所保护的对象是特定的，如企业机密数据、业务运行逻辑等，云安全所保护的内容虽有不同，但是对云计算信息系统进行安全建设所遵循的原则都是传统信息安全所遵循原则的展开和引申，并使用一些新技术进行落实和保障，充分体现云安全对传统信息安全的继承性。因此，传统的行之有效的信息安全策略与技术将会继续应用在云计算信息系统及终端设备的安全管理与防护上。

那么，云计算作为一种新型的计算模式，与传统信息安全或网络安全相比，除了继承性外，云安全是否还有新的特点？综合最近几年产业界的实践和学术界的研究进展，我们认为与传统信息安全或网络安全相比，云安全有其特殊的一面，具体表现在 3 个方面。

①云计算信息系统与传统信息系统组织架构上的差异性导致其在安全防护理念上存

在差异。在传统安全防护中，很重要的一个原则是基于边界的安全隔离和访问控制，并且强调针对不同的安全区域设置有差异化的安全防护策略，其在很大程度上依赖各区域之间明显清晰的区域边界。但在云计算环境中，存储和计算资源高度整合，基础网络架构统一化，安全设备的部署边界消失。

②物理计算资源共享带来的虚拟机的安全问题。在同一台物理机内部有多个虚拟机，如何对虚拟机之间的通信进行监控，如何对流量进行控制以及如何做到虚拟机之间的隔离，这些问题涉及了传统的网络结构如何在虚拟化环境中实现，以及传统的网络安全设备如何虚拟化的问题。

③数据的拥有者与数据之间的物理分离带来的用户隐私保护与云计算可用性之间的矛盾。这些在其他计算模式下未曾出现的问题都需要新的思路和技术途径来解决。

云安全的这 3 个典型特征在公有云中尤为突出，因为在公有云中，一些小的租户往往租用一个或少量虚拟机，这时容易出现同一台物理机内部有多个租户的情况。如何对这些租户进行网络隔离、流量和访问控制以及形成完整的审计链，是云计算环境中亟待解决的安全问题。

1.4.3　云安全设计原则

云计算作为一种新兴的信息服务模式，尽管会带来新的安全风险与挑战，但其安全需求与传统信息化服务的安全需求并无本质区别，核心需求仍是对应用及数据的机密性、完整性、可用性和隐私性的保护。因此，云安全设计原则应从传统的安全管理角度出发，结合云计算自身的特点，将现有成熟的安全技术及机制延伸到云安全设计中，满足云计算的安全需求。

1. 最小特权原则

最小特权原则是云安全中最基本的原则之一，它指的是在完成某种操作的过程中，赋予网络中每个参与的主体必不可少的特权。最小特权原则不仅保证了主体在赋予的特权中完成所需操作，同时也保证了主体无权执行权限外的操作。

在云计算环境中，最小特权原则能够减少程序间潜在的相互影响及未授权访问敏感信息的机会。在利用最小特权原则进行安全管理时，对特权的分配、管理尤为重要，因此需要定期对每个主体权限进行审计。定期审核可用于检查权限分配是否正确以及停用的账号是否被禁用或删除。

2. 职责分离原则

职责分离是在多人之间划分任务和特定安全程序所需权限的概念。它通过消除高风险组合来限制人员对关键系统的权力与影响，从而降低个人因意外或恶意而造成的潜在破坏。这一原则被应用于云的开发和运行的职责划分上，同样也应用于云软件开发生命周期中。一般情况下，云软件开发为分离状态，不同人员管理不同的关键基础设施组件，以确保在最终交付物内不含有未授权的"后门"。

3. 纵深防御原则

在云计算环境中，原有的可信边界日益削弱，攻击平面增多，过去的单层防御已经难以维系安全性，纵深防御是经典信息安全防御体系在云计算环境中的必然发展趋势。云计算环境由于其结构的特殊性，攻击平面较多，在进行纵深防御时，需要考虑的方面也较多，从下至上主要包括：物理设施安全、网络安全、云计算平台安全、主机安全、应用安全和数据安全等方面。

另外，云计算环境中的纵深防御还具有多点联动防御和入侵容忍的特性。在云计算环境中，多个安全节点协同防御、互补不足，会带来更好的防御效果。入侵容忍则是指当某一攻击面遭遇攻击时，可以通过安全设计手段将攻击限制在这一攻击层面，使攻击不能持续渗透下去。

4. 防御单元解耦原则

将防御单元从系统中解耦，使云计算的防御模块和服务模块在运行过程中不会相互影响，各自独立工作。这一原则主要体现在网络模块划分和应用模块划分两个方面。可以将网络划分成 VPC 模式，保证各模块的网络之间进行有效的隔离。另外，可以将云服务商的应用和系统划分为较小的模块，这些模块之间保持独立的防御策略。另外，对某些特殊场景的应用还可以配置多层沙箱防御策略。

5. 面向失效的安全设计原则

面向失效的安全设计原则与纵深防御原则有相似之处。它是指在云计算环境的安全设计中，当某种防御手段失效后，还能通过补救手段进行有效防御。一种补救手段失效，还有后续补救手段。这种多个或多层次的防御手段可能表现在时间或空间方面，也可能表现在多样性方面。

6. 回溯和审计原则

云计算环境因复杂的架构导致其面临的安全威胁更多，发生安全事故的可能性更大，对安全事故的预警、处理、响应和恢复的效率要求也更高。因此，建立完善的系统日志采集机制对于安全审计、安全事件追溯、系统回溯和系统运行维护等方面尤为重要。在云计算环境中，应该建立完善的日志系统和审计系统，实现对资源分配的审计、对各角色授权的审计、对各角色登录后的操作行为的审计等，从而提高系统对安全事故的审查和恢复能力。

7．安全数据标准化

目前，不同的云计算解决方案对相关数据、调用接口等定义不同，导致无法定义统一流程对所有的云计算服务的安全数据进行采集和分析。目前已经有相关的组织进行了研究，如 CSA 提出了云可信协议以及动态管理工作组提出了云审计数据互联模型。

1.5 云安全应用

目前，国内外关于云安全问题的研究还处于起步阶段，但是很多云服务商已经在积极地对云计算的安全问题进行分析和研究。比如，我国的阿里云、华为云、腾讯云、天池云等企业云计算平台在云计算安全建设方面提出了各自有效的安全解决方案，为构建可信云提供有力的技术支撑。

1.5.1 阿里云安全应用

阿里云以打造互联网数据分享第一平台为使命，借助自主创新的大规模分布式存储和计算等核心云计算技术，为各行业、小企业、个人和开发者提供云计算产品及服务，主要包括云计算服务器、云监控、云盾、开放数据处理服务、开放结构化数据服务、关系数据库等产品。在云安全方面，安全性已成为阿里云最具核心竞争力的优势之一。阿里云在保障云安全方面形式多样，具体包括安全策略、组织安全、合规安全、数据安全、访问控制、人员安全、物理安全、基础设施安全、系统和软件开发及维护、灾难恢复及业务连续性10 个方面的部署。尤其是在数据安全方面，阿里云坚持阿里巴巴"生产数据不出生产集群"的风险管控经验，在保护数据的机密性、完整性、可用性方面制定了防范数据泄露、篡改、丢失等安全威胁的控制要求，根据不同类别数据的安全级别设计、执行、复查、改进各项云计算环境中的安全管理和技术控制措施。

在网络安全方面，阿里云提供了安全组机制，用来隔离不同用户的云计算服务器或同一用户的多个云计算服务器。不同安全组之间采用防火墙隔离，能够抵御多种常见攻击方式。同时，基于阿里云计算平台强大的数据分析能力，阿里云提供了"云盾"，能够为网站提供多种安全服务，包括对分布式拒绝服务（Distributed Denial of Service，DDoS）攻击的防护、网站"后门"检测、主机密码暴力破解防御、异地登录提醒、网页漏洞检测、网页木马检测、端口安全检测等。

1.5.2　华为云安全应用

华为云以数据保护为核心，以云安全能力为基石，以法律法规业界标准遵从为"城墙"，以安全生态圈为"护城河"，依托华为独有的软、硬件优势，打造业界领先的竞争力，构建起面向不同区域、不同行业的完善云计算服务安全保障体系，并将其作为华为云的重要发展战略之一。华为云在遵从所有适用的国家和地区的安全法规政策、国际网络安全和云安全标准和参考行业实践的基础上，从组织、流程、规范、技术、合规、生态等方面建立并管理完善、高可信、可持续的安全保障体系，并与有关政府、用户及行业伙伴以开放透明的方式，共同应对云安全挑战，全面满足云计算服务用户的安全需求。

华为公司在云安全方面提供了多层安全防护，充分保证计算资源的安全性。在基础安全方面，通过系统加固、防病毒和安全补丁的保护，避免了病毒入侵、漏洞攻击、拒绝服务等安全威胁。在网络安全方面，从网络隔离、攻击防护、传输安全等多个角度，通过网络划分、隔离手段实现计算、存储、管理、接入等域的隔离，保证网络安全，避免网络风暴等问题扩散。在传输安全方面，采用安全套接字层（Secure Socket Layer，SSL）加密、超文本传输安全协议（Hypertext Transfer Protocol Secure，HTTPS）、SSL 虚拟专用网络（Virtual Private Network，VPN）接入等方式保证信息在网络传输过程的完整性、机密性和有效性。在虚拟化安全方面，系统重点考虑了云主机的隔离和防护，以保障安全隐患不会在整个网络中蔓延。在管理维护安全方面，系统支持集中的日志收集和存储，同时通过部署日志审计系统，满足云服务商审计需求。

1.5.3　腾讯云安全应用

腾讯云计算平台作为国内最具影响力云计算平台之一，在云计算平台安全性保护方面做了大量的工作。腾讯通过多层次、多维度的实时监控和离线分析等手段，从运维安全、业务安全、信息安全 3 个层面来保护云计算平台的安全，这些安全服务基本覆盖了互联网应用安全问题，可为应用提供可靠的安全防护。

云枢应用级智能网关（以下简称腾讯云枢），是一款稳定、安全、高性能、易用的应用级智能网关，让用户更高效、快捷地访问企业应用和服务。腾讯云枢基于零信任策略，对企业应用和服务提供集中管控、统一防控和统一审计，保障企业应用和服务更安全、更可靠。腾讯云枢具备以下几方面特性。

1．稳定可靠，跨网无须 VPN

用户访问企业应用和服务的权限，从传统网络层级升维到应用层级。这在避免 VPN 对企业内网过度暴露的同时，让企业对应用的访问管理更透明，管控更有的放矢。支持负载均衡和异地容灾备份等可保障服务稳定可靠。

2．访问零信任

基于腾讯安全零信任策略和架构，遵循最小最少权限原则，构建基于身份的可信赖计算机制，保障用户对企业应用的安全访问。对用户的异常行为，可基于大数据和人工智能（Artifical Intelligent，AI）算法进行判定，不放过任何可疑行为。

3．集中应用管控，管控粒度更精确

支持对企业应用的域名/端口/协议进行收敛和高效转换。在不影响应用使用和无改造的情况下，对外仅统一暴露 HTTPS/443 等常用端口，高效预防勒索病毒等恶意威胁，令企业免于高危端口的攻击。

4．统一安全防护

集成 TAV 防病毒能力和 HABO 沙箱高级威胁检测能力，具备明水印、暗水印、敏感数据过滤和脱敏等高级安全能力，可接入或定制高级安全策略和规则，有效保障企业业务安全。

5．全面日志和审计

支持多面记录，包括管理员在内的各类用户的操作行为；支持日志、录像等形式，其可作为有效的事件追溯和事故分析的保障和依据。

1.5.4　天池云安全应用

天池云安全管理平台（可简称"天池"）是安恒信息公司根据多年对云计算的深入研究和风险分析，结合自身在安全领域多年的经验及技术积累，打造的专门针对云上安全的安全产品，旨在帮助用户解决云上的安全问题。天池主要为用户提供两个安全管理视角：云计算平台安全视角、云租户安全视角。它通过管理平台实现所有安全产品的用户认证统一、权限统一；同时开放安全接口，兼容其他厂商安全能力；为用户提供大数据安全分析能力；通过和云计算平台网络对接，为云计算平台提供整体云安全解决方案。

天池云安全管理平台从功能架构层面可以分为 3 层：安全资源层、调度层、管理层。如图 1-2 所示。

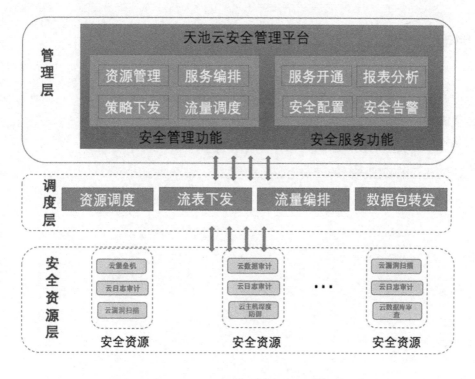

图1-2 天池云安全管理平台功能架构

①安全资源层：由物理硬件组成，通过虚拟化技术实现安全资源虚拟机，各安全资源以虚拟机的形态部署在安全资源池，并接受统一部署、管理、调度，以实现相应的安全功能。

②调度层：能够通过上层业务指令调度底层计算资源、网络资源、存储资源，并通过流表控制流量编排、数据包转发，对安全资源池集中下发调度命令。

③管理层：由统一管理平台组成，实现资源管理、服务编排、策略下发、流量调度、服务开通、报表分析、安全配置、安全告警等，并通过调度层予以下发，实现安全防护的智能化、自动化、服务化。

本章小结

本章从云计算基础出发，介绍了云计算的发展现状、概念、特点、体系结构、分类及其在不同行业的典型应用。接着着重分析了云计算面临的安全风险与挑战，主要体现在云计算技术安全风险、云计算管理安全风险和云计算法律法规安全风险3个方面。针对云计算存在的安全风险，引出了云安全现状、概念和特点，并阐述了云安全设计原则。最后，概括介绍了目前我国较为流行的云安全应用案例。

课后思考

1. 请简述云计算的概念、特点、体系结构和分类。
2. 请简述云计算面临的安全风险。
3. 请列举云安全的设计原则。
4. 请简述目前我国流行的云安全应用平台。

chapter

02

云安全管理

学习目标

1. 掌握云安全管理的体系
2. 熟悉云安全管理的流程
3. 了解云安全管理的标准
4. 掌握云安全管理关键领域分析
5. 熟练运用云安全管理平台

云计算作为一种新兴的计算资源利用方式，正处在飞速发展的阶段。随着越来越多的用户将传统的业务系统迁移至云计算环境中，云安全面临的挑战也更为严峻，传统环境下的安全问题在云环境下仍然存在。同时，云计算环境中的资源按需分配、弹性扩容、资源集中化等新型技术形态也给云安全技术带来挑战和技术革新。为了保障云计算平台与服务的安全管理与维护，云安全产品和云安全解决方案的产生显得越来越迫切。目前，很多科技创新公司正致力于提供云安全产品和云安全解决方案，其成果得到了广泛的应用。本章主要从云安全管理体系、云安全管理流程、云安全管理标准、云安全管理关键领域分析这几方面介绍云计算平台的安全管理。在此基础上，对云安全管理平台功能及应用进行分析与说明。

2.1 云安全管理体系

云安全管理是信息安全扩展到云计算范畴的创新研究领域，它需要针对云计算的安全需求，从云计算架构的各个层次入手，将传统安全手段与云计算所定制的安全技术相结合，使云计算的运行安全风险大大降低。研究云安全问题的基础是针对威胁建立完整的、综合的云安全管理体系。云安全管理体系主要包含云安全架构体系、云安全服务体系、云安全技术体系和云安全支撑体系。云安全架构体系从全局的角度设计和规划云计算环境的安全，它主要涉及云安全服务体系、云安全技术体系和云安全支撑体系，3 个体系之间相互联系、相互影响。云安全服务体系由一系列云安全服务组成，根据不同的层次可划分为云基础设施安全服务、云安全基础服务和云安全应用服务。云安全技术体系主要以数据安全、服务安全与隐私保护安全为目的，分析 IaaS、PaaS 和 SaaS 不同层次的技术需求。云安全支撑服务体系主要为安全服务体系提供技术与支撑。

2.1.1 云安全架构体系

云计算的目标之一是构建 IT 即服务，使各类用户可以随时获得需要的 IT 资源；云安全的目标是确保这种资源、服务能够可靠、有保障地交付至用户。为了实现云安全目标，用户除结合云服务商的自有安全支撑服务外，有时还需要从第三方实体获取身份管理、认证、授权等权限。图 2-1 给出了云安全架构模型，该模型将云安全关注的内容和云计算的实现框架联系在一起，能够对资源和服务进行较为系统的安全分析。

根据图 2-1 所示的云安全架构模型，下面自顶向下分别说明各层次的安全关注点。

（1）应用安全。云计算的应用主要通过 Web 浏览器实现。因此，可以使用软件开发生命周期管理、二进制分析、恶意代码扫描等手段对应用程序进行安全检测，同时可采取

Web 应用防火墙、应用虚拟化安全、多租户安全等技术保证应用程序安全。

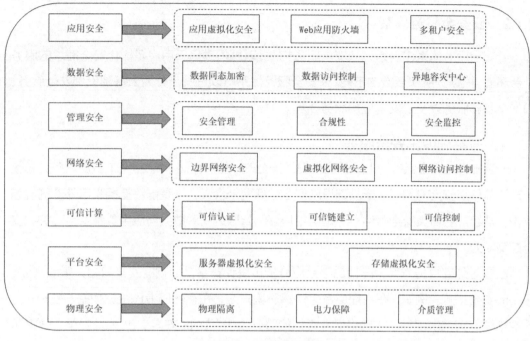

图 2-1 云安全架构模型

（2）数据安全。用于保障数据的保密性、完整性、可用性、真实性、授权、认证和不可抵赖性。主要安全措施包括对不同的用户数据进行数据访问控制、数据同态加密，构建异地容灾中心，以及使用身份认证和访问管理技术措施等。

（3）管理安全。通过公司治理、安全管理、安全监控及合规性审查，使用身份识别与访问控制、漏洞分析与管理、补丁管理、配置管理、实时监控等手段实现管理安全。

（4）网络安全。通过基于网络的入侵检测系统（Intrusion Detection System，IDS）/入侵防御系统（Intrusion Prevention System，IPS）、防火墙、深度数据包检测、安全域名系统（Domain Name System，DNS）、抗 DDoS 攻击网关、服务质量（Quality of Service，QoS）技术和开放的 Web 服务认证协议等手段实现网络层面的安全。

（5）可信计算。使用软/硬件可信根、可信软件栈、可信 API 和接口保证云计算的可信度。

（6）平台安全。云计算平台采用经过安全加固、定制化的操作系统实现虚拟化安全。通过基于主机的防火墙、IDS/IPS、完整性保护、审计/日志管理、加密和数据隐藏等手段实现平台安全。

（7）物理安全。指设备的安全以及电力、介质等物理环境的安全。通过规范建设，严格管理制度，确保物理设备的安全，主要包括严格门禁管理制度、备品备件耗材存放使用制度，严格监控、保卫制度，完善供电、温控、消防等保障制度。

2.1.2 云安全服务体系

云安全服务体系由一系列云安全服务构成，以提供满足云用户多样化安全需求的服务平台环境。根据其所属层次的不同，云安全服务体系可以进一步分为云基础设施安全服务、云安全基础服务以及云安全应用服务 3 类。

1. 云基础设施安全服务

云基础设施安全服务为上层云应用提供安全的计算、存储、网络等 IT 资源服务，是整个云计算体系安全的基石。云基础设施安全包括两个含义：一是能够抵挡来自外部的恶意攻击，从容应对各类安全事件；二是向用户证明云服务商对数据与应用具备安全防护和安全控制能力。

在应对外部攻击方面，云计算平台应分析传统计算平台面临的安全问题，采取全面、严密的安全措施。例如，在物理层考虑计算环境安全，在存储层考虑数据加密、备份、完整性检测、灾难恢复等，在网络层考虑拒绝服务攻击、DNS 安全、IP 地址安全、数据传输机密性等，在系统层则考虑虚拟机安全、补丁管理、系统用户身份管理等安全问题，而在应用层考虑程序完整性检验与漏洞管理等。

另外，云计算平台应向用户证明自己具备一定程度的数据隐私保护与安全控制的能力。例如，在存储服务中证明用户数据以密文保存，并能够对数据文件的完整性进行校验，在计算服务中证明用户代码在受保护的内存中运行等。由于用户在安全需求方面存在着差异，云计算平台应能够提供不同等级的云基础设施安全服务，各等级间通过防护强度、运行性能或管理功能的不同体现出差异。

2. 云安全基础服务

云安全基础服务属于云基础软件服务层，为各类云应用提供信息安全服务，是支撑云应用实现用户安全目标的重要手段。其中比较典型的几类云安全基础服务如下。

（1）云用户认证服务。主要涉及用户身份的认证、管理及注销过程。在云计算环境中，实现身份单点和联合登录，可以使云计算的联盟服务之间更加方便地共享用户身份信息和认证结果，减少重复认证带来的运行开销。但是，云身份联合登录过程应在保证用户数字身份隐私的前提下进行。

（2）云授权服务。云授权服务的实现依赖于完善地将传统的访问控制模型（如基于角色的访问控制、基于属性的访问控制模型以及强制自主访问控制模型等）和各种授权策略语言标准（如 XACM、SAML 等）扩展后移植入云计算环境。

（3）云审计服务。由于用户可能缺乏安全管理与举证能力，因此，要明确安全事故责任就需要云服务商提供必要的支持。在此情况下，第三方实施的审计具有重要的参考价值。云审计服务必须提供审计事件列表的所有证据及其可信度说明。当然，若要在证据调查过程中避免其他用户的信息受到影响，则需要对数据取证方法进行特殊设计。云审计服务是保证云服务商满足合规性要求的重要方式。

（4）云密码服务。云用户中普遍存在数据加密、解密运算需求，云密码服务的实现依托密码基础设施进行。基础类云安全服务还包括密码运算中的密钥管理与分发、证书管理及分发等功能。云密码服务不仅简化了密码模块的设计与实施，还使密码技术的使用更集中、规范，同时也更易于管理。

3. 云安全应用服务

云安全应用服务与用户的需求紧密结合，种类多样，是云计算在传统安全领域的主要发展方向之一。典型的云安全应用服务包括 DDoS 攻击防护服务、"僵尸"网络检测与监控服务、Web 安全与病毒查杀服务、防垃圾邮件服务等。由于传统网络安全技术在防御能力、响应速度、系统规模等方面存在限制，难以满足日益复杂的安全需求，云计算的优势可以极大地弥补上述不足，其提供的超大规模计算能力与海量存储能力，能大幅提升安全事件采集、关联分析、病毒防范等方面的性能，它通过构建超大规模安全事件信息处理平台，来提升全局网络的安全态势感知和分析能力。

2.1.3 云安全技术体系

云计算独具特色的服务提供方式必将带来新技术的应用，然而新技术的产生必将带来多种安全挑战。传统的安全技术手段是否适用于云计算环境？能否解决云计算中的安全问题？云计算新技术所带来的安全风险通过何种方式来应对？这些问题是很多从业人员在构建云计算平台时应该考虑到的。那么针对云计算技术，又有哪些安全需求呢？

1. 安全接入

提高云计算系统的安全性、健壮性的前提就是做好安全接入工作，对云服务商来说，首要的任务就是快速、高效地部署云计算信息系统的边界防护措施。总体来说，传统边界防护技术包括防火墙技术、防病毒网关技术、终端防护技术、网闸技术等。然而，传统防火墙技术无法有效对抗更隐蔽的攻击行为，如欺骗攻击、木马攻击，对此，云服务商有必要采用防护能力更强的边界防护技术；针对云计算这种复杂的应用环境，传统防病毒网关技术无法对木马、"蠕虫"、邮件性病毒进行全网整体的防护，构建整体病毒防护体系已成为必然。

2．虚拟化

虚拟化技术在云计算中的重要性不言而喻。将虚拟化技术应用到云计算系统中，使原有信息系统中存在的边界不复存在，因此，虚拟机安全成为"牵一发而动全身"的关键环节。然而，现阶段虚拟化技术存在缺陷，虚拟化软件也存在一定程度的缺陷，极易发生虚拟机逃逸攻击。虚拟机中的恶意程序可以绕过控制层，直接获取对宿主机的控制权限。这些安全缺陷都给虚拟化技术带来了很大的挑战，也给云计算系统的安全带来了很大的风险。因此，增强虚拟化技术的安全性也成为云安全需求之一。

3．资源共享

资源共享是云计算的优势之一，它使大量的租户能够共享相同的软/硬件资源，每个租户能够按需使用资源，多个租户可以共用一个应用程序或运算环境而不影响其他租户的使用。多租户可在数据层面实现，即多个租户共享同一个应用程序实例；也可在进程层面实现，即多个租户分属同一个运算环境下的不同进程；也可在系统层面实现，典型的场景是为不同租户分配不同的虚拟机。多租户技术中重要的安全问题之一就是不同用户之间的数据安全问题，主要体现在用户数据存储安全问题、数据和应用程序运行环境的隔离问题等。因此，多租户资源共享无论从哪个层面来实现，在提高安全性的同时都可能会牺牲资源的利用率，如何平衡资源共享的安全性和资源的利用率是我们亟需解决的问题。

4．应用服务

云应用服务的安全性直接影响云用户对云环境的信赖性。云服务商需从用户数据安全保护、云应用内容安全保护、云应用自身的安全保护 3 个层面来部署。云应用的数据安全问题主要是指动态数据安全问题，包括用户数据传输安全、用户隐私安全和数据库安全等问题，如数据传输过程或缓存中的泄露、非法篡改、窃取以及病毒、数据库漏洞破坏等。因此，需要确保用户在使用云计算服务软件过程中的所有数据在云环境中传输和存储时的安全。由于云计算环境的开放性和网络复杂性，内容安全面临的主要威胁包括非授权使用、非法内容传播或篡改。内容安全需求主要是版权保护和对有害信息资源内容实现可测、可控、可管。云计算应用安全主要建立在身份认证和实现对资源访问的权限控制基础上。云应用需要防止用户口令或身份信息的非法窃取，采用口令加密、身份联合管理和权限管理等技术手段，实现单点登录应用和跨信任域的身份服务。提供大量快速应用的 SaaS 服务商需要建立可信和可靠的认证管理系统和权限管理系统作为保障云安全运营的安全基础设施。Web 应用安全需要重点关注传输信息保护、Web 访问控制、抗拒绝服务等。

从多个方面对云安全技术进行分析，充分表明了一种安全机制或几种安全机制来保护信息系统安全是不够充分的，多重加强的安全技术机制或控制手段才能构建更加完善和健壮的系统，所以在对云计算系统进行安全部署时依然要遵循计算机与网络安全的纵深防御原则，构建完整的云安全技术体系，如图 2-2 所示。

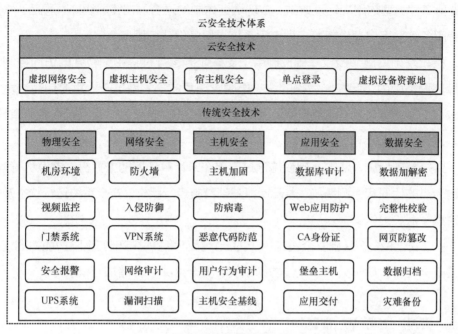

图 2-2　云安全技术体系

虽然云基础设施与传统 IT 基础设施在很多层面上存在不同，但是传统的安全技术在云安全技术体系中仍然处于主导地位。云计算环境的开放性使用户私有数据面对来自多方的安全威胁，数据的安全和隐私保护是云安全中极其重要的问题。解决该问题的关键技术——支持密文存储的密文查询、数据完整性验证、多租户环境下的隐私保护方法等，成为云安全技术体系中的关键。云计算平台要统一调度、部署和计算资源，实施硬件资源和虚拟资源的安全管理和访问控制，确保虚拟化运行环境的安全成为云安全的关键。在此安全体系下，提供虚拟机安全监控、虚拟机安全的迁移、虚拟机安全隔离以及虚拟机安全镜像等的技术可以保障云安全的越界访问、不同安全域的虚拟机控制和管理、虚拟机之间的协同工作的权限控制等。如果云计算平台无法实现云用户租用的不同虚拟机之间的有效隔离，云服务商就无法说服云用户相信自己提供的服务是安全的。

2.1.4　云安全支撑体系

云安全支撑体系为云安全服务体系提供了重要的技术与功能支撑，其核心内容包括以下几方面。

（1）密码基础设施。密码基础设施用于支撑云安全服务中的密码类应用，提供密钥管理、证书管理、对称/非对称加密算法、哈希码算法等功能。

（2）认证基础设施。认证基础设施提供用户基本身份管理和联盟身份管理两大功能，为云计算应用系统身份鉴别提供支撑，实现统一的身份创建、修改、删除、终止、激活等功能，支持多种类型的用户认证方式，实现认证体制的融合。在完成认证过程后，它通过安全令牌服务签发用户身份断言，为应用系统提供身份认证服务。

（3）授权基础设施。授权基础设施用于支撑业务运行过程中细粒度的访问控制，实现云计算环境范围内访问控制策略的统一集中管理和实施，满足云计算应用系统灵活的授权需求，同时使安全策略能够反映高强度的安全防护，维持策略的权威性和可审计性，确保策略的完整性和不可否认性。

（4）监控基础设施。监控基础设施通过部署在云计算环境的虚拟机、虚拟机管理器、网络关键节点的代理和检测系统，为云计算基础设施运行状态、安全系统运行状态及安全事件的采集和汇总提供支撑。

（5）基础安全设备。基础安全设备用于为云计算环境提供基础安全防护能力的网络安全、存储安全设备，如防火墙、入侵防御系统、安全网关、存储加密模块等。

2.2 云安全管理流程

云安全管理作为保障云安全中的重要一环，需要在充分参照信息安全管理体系的基础上，结合云计算自身的特点以及云计算中部署的各项安全技术，构建云安全管理流程，有层次、有针对性地部署安全管理措施，形成完整、切实有效的云安全管理体系。

在管理学中有一个通用模型："戴明环"（又称 PDCA 循环）。它最早由休哈特于 1930年构想出来，后来被美国质量管理专家戴明于 1950 年所采纳，广泛应用于持续改善产品质量的过程中。戴明环是全面质量管理所应遵循的科学程序，适用于所有信息安全管理体系（Information Security Management Systems，ISMS）过程，其模式如图 2-3 所示。

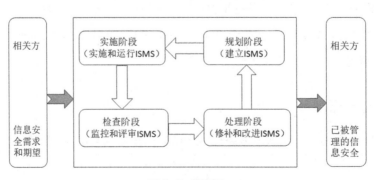

图 2-3　戴明环

在适用于 ISMS 过程的戴明环模式中，规划阶段需要建立 ISMS，即根据组织的整体方针和目标，来控制风险，提高信息安全性；实施阶段需要安装已经规划出的安全管理过程，实施和运行各项安全管理措施；检查阶段需要根据安全方针和目标，评估和监控安全管理过程的实施效果，并将结果提交给管理层，管理层对各项安全管理措施进行评审；处理阶段需要根据管理评审结果，修补管理过程中的不足，并预防可能出现的问题，以改进 ISMS。这 4 个阶段形成一个闭环，通过这个闭环的不断运转，ISMS 能够得到持续的改进，使信息的安全性呈螺旋上升趋势。

戴明环适用于所有 ISMS 过程，云安全管理作为信息安全管理中的一个类型，同样可以按照"规划—实施—检查—处理"的流程来实施。

2.2.1 规划

在云安全管理的规划阶段，首先要规划出云安全管理体系的整体目标，为各项管理措施的制订和检查提供指导；其次要为云安全管理提供组织保障，使云安全管理能够顺利进行。

1. 云安全管理体系的目标

云安全管理体系作为云安全体系的重要组成部分之一，其主要目标是通过各项管理措施增强云计算服务的安全性，并且在安全保障和性能保障之间达到平衡，如图 2-4 所示。

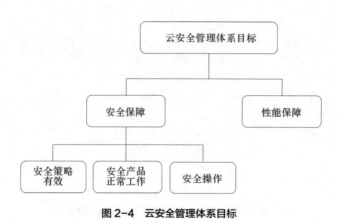

图 2-4 云安全管理体系目标

（1）安全保障。云安全管理体系需要通过实施各项管理措施，保障安全技术的有效性、安全产品的可用性以及人为操作的合规、合法性，从而保障云安全。安全保障主要包括以下 3 个方面。

①安全策略有效。要严格按照已经制订好的安全策略进行管理，并在实施过程中验证安全策略的有效性。对不满足安全需求的策略，要及时进行修改或替换。

②安全产品正常工作。要根据安全产品本身的特点及应用场景，对安全产品进行合理配置；安全产品投入使用后，要对其使用情况进行密切监管，确保它们都在正常工作。对

失效的安全产品，要在不影响云计算整体安全的前提下进行维修或替换。

③安全操作。要确保技术人员、管理人员所做的操作都是合法合规的，尤其要切实保障对配置信息、用户/账户等一些敏感信息的相关处理是安全的，不能因人为操作失误而造成云安全缺失或云计算服务中断。

（2）性能保障。为了实施云安全管理体系，必然要部署一些安全管理产品，这些产品在工作时可能需要对流经的数据进行捕获和分析，这可能会降低云计算服务对用户请求的响应速度，影响云计算服务的性能。因此在设计云安全管理体系时，一定要考虑安全产品的部署和运行对云计算服务性能的影响程度，在高安全和高性能之间达到一个平衡。

2．云安全管理组织保障

云安全管理组织体系应包括云安全管理领导体系、指导体系、管理体系和安全审计监督体系这 4 个子体系，不同的子体系有不同的职责。这些职责需要由专门的人员来承担，因此云安全管理组织体系和云安全管理人员体系相对应，二者的每个子体系也一一对应，如图 2-5 所示。

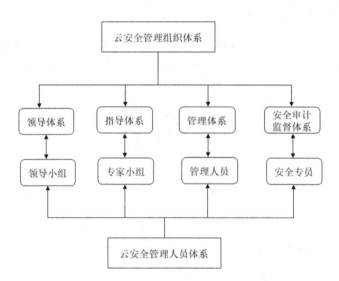

图 2-5　云安全管理组织体系和云安全管理人员体系

领导体系在整个云安全管理组织体系中处于核心地位。领导小组负责制订、评审和批准云安全管理方针，启动云安全管理方案，引导云安全管理措施的实施。此外，领导小组对指导体系、管理体系和安全审计监督体系的人员组成及权限分配有最终的决定权，控制着云安全管理人员体系中其他人的职能范围。

指导体系负责在云安全管理的整个流程中提供方方面面的专业建议和指导，这些职责由来自法律、标准制订、人力资源、信息管理、风险管理等各个相关领域的专家组成的专家小组来承担。

管理体系负责实施具体的云安全管理措施，各项管理职责由管理人员来承担。由于云安全管理措施涉及许多方面，因此云安全管理人员要有合理、明确的分工。根据管理人员的数量和管理强度，一部分人员负责资产管理，另一部分人员负责信息管理。

安全审计监督体系主要负责监督云安全管理过程中的各种操作和各个安全事件，获取有用的信息来评估云安全管理措施实施的充分性和协调性，这些职责由具有相关专业知识和一定经验的安全专员来承担。

2.2.2　实施

在云安全管理的实施阶段，需要建立起云安全管理体系的基本框架，明确应该从哪些方面部署云安全措施。由于云安全技术体系和云安全管理体系是云安全体系的两大组成部分，二者相辅相成、不可分割，因此云安全管理体系可依照云安全技术体系进行构建，如图 2-6 所示。云安全管理体系按照自底向上的顺序，可分为 3 层：物理安全管理、IT 架构安全管理、应用安全管理。另外，由于数据安全需要通过在云计算平台的各个层面部署安全技术来保障，因此数据安全管理也应从全局出发，贯穿云安全管理体系的各个层面。

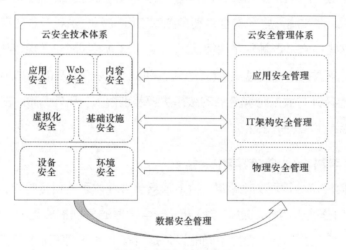

图 2-6　云安全管理体系

1．物理安全管理

物理安全管理的目标是保障云计算中心周边环境的安全及云计算中心内部资产的安全，可分为资产的分类和管理、安全区域管理、设备管理、日常管理 4 个方面。

2．IT 架构安全管理

IT 架构既包括网络、主机等基础设施的部署，也包括各种虚拟化技术的使用，因此 IT 架构安全管理的目标是保障 IT 架构中基础设施的正常工作以及虚拟化平台的安全。

为实现 IT 架构安全管理的目标，应从网络安全管理、安全测试管理、配置管理、事故管理、补丁管理 5 个方面部署云安全管理措施。

3．应用安全管理

应用安全管理处于云安全管理体系的最顶层，云用户通过身份认证之后，以相应的权限来访问和使用云计算服务平台中的各种应用，因此应用安全管理的主要目标是对用户的身份和权限进行管理，防止非授权的访问和操作，并防止不良信息的传播。为实现上述目标，可从身份管理、权限管理、策略管理和内容管理 4 个方面部署管理措施。

2.2.3　检查

在云安全管理的检查阶段，需要对云安全管理体系的各个方面进行检查，以评估云安全管理的各项措施是否有效以及云安全管理方案是否全面合理，发现可能影响云安全的措施和事件。检查过程和结果需要有详细的记录，以便为改进云安全管理体系提供指导。对云安全管理体系的检查主要从以下 3 方面进行。

1．检查是否符合法律要求

云安全管理体系的设计、实施受到法律法规的限制，也受到云服务商和云用户之前签订的 SLA 的约束。在实施一些云安全管理措施时不可避免地要对一些信息进行监控和处理，因此要检查这些措施是否触犯了法律法规或满足 SLA 中对个人隐私保护的相关要求。如果在信息处理过程中发生了数据跨境流动，就需要全面考察涉及的所有地区的相关法律法规，因为不同地区针对数据跨境流动的法律法规差别很大。另外，需对已安装的所有软件进行核查，确保它们都是已授权的。

2．检查是否符合安全策略和标准

参照相关的信息安全管理实施标准，检查云安全管理体系的目标是否合理，组织保障是否全面，责任划分是否清晰。需重点检查云安全管理的各项措施是否符合标准中的要求，如对敏感度不同的数据、重要性不同的设备是否实施了不同等级的管理措施，不同区域的访问控制措施是否能满足相应的安全性需求，安全事件的发现、告警、处理、核查机制是否全面、合理等。

3．检查管理措施是否有效

为了检查管理措施是否有效，可以由经验丰富的系统工程师对云计算服务平台进行渗透测试或脆弱性评估，检查在各种模拟的攻击场景下管理措施是否一直有效。由于渗透测试和脆弱性评估可能会损害云计算平台的安全性，因此在进行测试之前需要有严密的计划，并在实施时需格外小心。

2.2.4　处理

在云安全管理的处理阶段，需要根据检查阶段生成的检查记录修补管理过程中的不足，并预防可能出现的问题。在改进过程中，需要向专业人员进行咨询，即如果云安全管理体系不符合法律法规的要求，则需要咨询有经验的法律顾问或合格的法律从业人员，以获取改进建议；如果不符合相关标准的要求，则需要向专门从事该标准研究工作的研究人员进行咨询；如果管理措施存在不足，则需要咨询安全管理人员或在信息安全领域有经验的技术人员，根据他们的建议来改进或增加管理措施。另外，该阶段做出的所有改进措施都要有详细的记录，且该记录需要和检查记录一一对应，以便于核实改进措施是否有效。

2.3　云安全管理标准

目前针对信息服务、安全管理等，国外及国内都制订了许多相关的标准和规范，但尚未有专门针对云安全管理的标准。云计算作为一种新的信息系统，需要结合自身特点，并借鉴信息服务、安全管理相关的多个标准，形成云安全管理标准框架。

2.3.1　云安全管理标准框架

云计算是架构在传统的软/硬件基础设施上的一种新型的服务交互和使用模式，因此云计算除了面临传统 IT 架构下会出现的一些安全风险外，还面临着包括违反政策法规在内的一些新的安全风险。传统的单一信息系统安全管理标准框架已经不能满足云安全管理的需求，云安全管理标准框架必须综合考虑 IT 服务管理、法律等多种因素，融合多类框架，如图 2-7 所示。

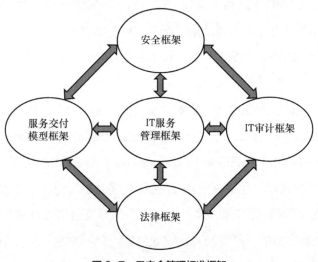

图 2-7　云安全管理标准框架

在云安全管理标准框架中，处于核心位置的是 IT 服务管理框架，此外必不可少的还有安全框架、服务交付模型框架、IT 审计框架、法律框架等。这些框架共同构成了云安全管理标准框架。

（1）IT 服务管理框架。IT 服务管理框架是一套帮助云服务商对 IT 系统的规划、研发、实施和运营进行有效管理的标准体系，它结合了高质量服务不可缺少的流程、人员和技术三大要素。标准流程负责监控 IT 服务的运行状况，人员素质影响服务质量，技术用来保障服务的质量和效率。关于 IT 服务管理，国际标准 ISO/IEC 20000-1 规定了服务目标，ISO/IEC 20000-2 制订了实践方法。

（2）安全框架。安全框架旨在建立切实有效的 ISMS，其典型实现是 ISO/IEC 27000 标准族，其中一个比较有代表性的标准是 ISO/IEC 27002。ISO/IEC 27002 的原标准号为 ISO/IEC 17799，它由英国标准 BS 7799 延续发展而来。ISO/IEC 27002 是信息安全管理的集成标准，它为各企业提供了开发、实施、评估信息安全管理的框架，包括安全策略、人员安全、资产分类与控制、系统开发与维护、访问控制、组织安全、通信与运作管理、业务持续性管理、物理与环境安全、合规性 10 个方面。

（3）服务交付模型框架。按服务模式分类，云计算可分为 IaaS、PaaS、SaaS 3 类；按运营模式分类，云计算可分为公有云、私有云和混合云 3 种。虽然在云计算中，云安全责任由云服务商和云用户共同承担，但云的类别不同，云服务商和云用户承担的安全责任的内容和比例会有所差异，因此在实施云安全管理之前，要根据服务交付模型确定云的类别，进而参照合适的标准构建云安全管理方案。

（4）IT 审计框架。安全审计是安全管理的重要组成部分，因此在云安全管理框架中，IT 审计框架必不可少。信息及相关技术的控制目标（Control Objectives for Information and Related Technology，COBIT）是目前国际上通用的信息系统审计标准，它将 IT 资源、IT 建设过程和企业的战略规划联系起来，形成一个三维的体系结构，它能够帮助企业维持资源利用、利益获取和风险等级之间的平衡，从而使企业能够高效利用信息资源并有效地控制信息安全风险。

（5）法律框架。法律框架包含与信息安全相关的法规、标准，旨在为云安全管理奠定法律基础。其中比较典型的有第三方支付行业数据安全标准（Payment Card Industry Data Security Standard，PCI DSS）和萨班斯（Sarbanes-Oxley，SOX）法案等。PCI DSS 适用于涉及支付卡处理的所有实体，包括商户、处理机构、购买者、发行商和云服务商及存储、处理或传输持卡人资料的所有其他实体，旨在全面保障支付卡处理过程中的信息安全。SOX 法案是美国政府出台的一部涉及会计职业监管、公司治理、证券市场监管等方面的重要法律，它以安全为中心，旨在消除企业欺诈等弊端。

2.3.2　国外云安全管理标准

云安全标准化是云计算真正大范围推广和应用的基本前提。近几年，云安全标准在国际上已成为标准化工作的热点之一。当前国际上有多个组织和团体在进行云计算相关的安全标准化工作，主要有 CSA、国际电信联盟（International Telecommunications Union，ITU）、NIST、OASIS 等产业联盟。

1.　ISO/IEC

JTC1/SC27 是 ISO 和 IEC 的信息技术联合技术委员会下专门负责信息安全标准化的分技术委员会。SC27 于 2010 年开始云安全标准的研制工作，主要集中在云安全管理、隐私保护和供应链安全方面，目前主要有 3 个国际标准立项：ISO/IEC 27017《基于 ISO/IEC 27002 的云计算服务的信息安全控制措施实用规则》、ISO/IEC 27018《公有云中个人信息处理者保护个人可识别信息的实用规则》、ISO/IEC 27036-4《供应商关系的信息安全规则》。

ISO/IEC 27017 主要针对云计算服务用户和云服务商，给出了安全控制措施及实施指南。ISO/IEC 27018 在 ISO/IEC 27002 的基础上，在公有云环境中，建立与 ISO/IEC 29100《信息安全 安全技术 隐私框架》中隐私原则一致的、用于保护个人可识别信息的、通用的控制目标、控制措施和实施指南，ISO/IEC 27036-4 主要针对供应商关系的信息安全。

2.　ITU-T

国际电信联盟电信标准分局（ITU Telecommunication Standardization Sector，ITU-T）于 2010 年 6 月成立了云计算焦点组（Focus Group on Cloud Computing，FGCC）。FGCC 的主要成果有《云生态系统介绍》《功能需求和参考架构》《涉及云计算的服务数据对象概述》《云安全威胁和需求》《云基础设施需求与框架结构》《电信/ICT 视角的云计算益处》《云资源管理差距分析》。

3.　CSA

CSA 于 2009 年成立，其目的是在云计算环境中提供更佳的安全方案。CSA 已经与 ITU-T、ISO 等组织建立起定期的技术交流机制，相互通报并吸收各自在云安全方面的成果和进展。CSA 目前所有的成果都是以类似研究报告的形式来发布的，并没有制订标准。CSA 目前比较重要的成果有：《云计算关键领域安全指南》《云计算的主要风险》《云安全联盟的云控制矩阵》《身份管理和访问控制指南》。

4.　NIST

2011 年 11 月，NIST 正式启动云计算计划，其目标是通过技术引导和推进标准化工作来帮助政府和行业安全有效地使用云计算。NIST 共成立了 5 个云计算工作组：云计算参考框架和分类工作组、促进云计算应用的标准推进工作组、云安全工作组、云计算标准路线图工作组和云计算业务用例工作组。NIST 在云计算方面进行了大量标准化工作，它提出的云计算定义、3 种服务模式、4 种部署模型、5 个基础特征均受到业内的广泛认同和使用。NIST 目前已经发布了多份出版物，比较重要的有：SP 500-291《云计算标准路线图》、SP 500-292《云计算参考体系架构》、SP 500-293《美国政府云计算技术路线图》、SP 800-144《公有云中的安全和隐私指南》、SP 800-145《云计算定义》、SP 800-146《云计算概要和建议》。

5. OASIS

OASIS 致力于基于 Web Services、SOA 等相关标准建设云模型及轮廓相关的标准。OASIS 成立了云身份识别技术委员会（Identity in the Cloud Technology Conference，ID Cloud TC），该技术委员会定位于云计算中的识别管理安全。OASIS 目前比较重要的成果有：《云计算使用案例中的身份管理》《密钥管理互操作性协议规范》。

2.3.3 国内云安全管理标准

全国信息安全标准化技术委员会（SAC/TC 260，简称信安标委）是在信息安全专业领域中从事全国标准化工作的技术工作组织，负责全国信息安全标准化的技术归口工作，涉及信息安全技术、机制、服务、管理、评估等领域的标准化技术工作。从 2004 年开始，信安标委积极参与有关国际标准的研制工作。近年，信安标委开始关注云安全标准的研究与制订，目前已发布了 GB/T 31167-2014《信息安全技术 云计算服务安全指南》和 GB/T 31168-2014《信息安全技术 云计算服务安全能力要求》两项云安全国家标准，它们针对政府部门采购云计算服务，分别从用户、云服务商的角度给出了指导和要求，为我国的网络安全审查工作提供了有效支撑。

1. GB/T 31167

2014 年 9 月，由信安标委提出并归口，四川大学作为牵头单位申请立项的标准制订项目 GB/T 31167-2014《信息安全技术 云计算服务安全指南》（以下简称《云计算服务安全指南》）被发布。

《云计算服务安全指南》标准的主要目标如下。

（1）指导政府部门做好采用云计算服务的前期分析和规划，选择合适的云服务商，对云计算服务进行运行监管，考虑退出云计算服务和更换云服务商的安全风险。

（2）指导政府部门在云计算服务的生命周期采取相应的安全技术和管理措施，保障数据和业务的安全，安全使用云计算服务。

《云计算服务安全指南》与GB/T 31168-2014《信息安全技术 云计算服务安全能力要求》构成了云计算服务安全管理的基础标准。

《云计算服务安全指南》描述了云计算带来的信息安全风险，提出了用户采用云计算服务应遵守的基本要求，从规划准备、选择云服务商及部署、运行监管、退出服务4个阶段描述了用户采购和使用云计算服务的生命周期安全管理。其中，云安全风险主要体现在：用户对数据和业务系统的控制能力减弱、用户与云服务商之间的责任难以界定、可能产生司法管辖权问题、数据所有权保障面临风险、数据保护困难、数据残留、容易产生对云服务商的过度依赖。

《云计算服务安全指南》定义了云计算服务安全管理的主要角色并明确了各角色的责任。云计算服务安全管理的主要角色为云服务商、用户和第三方评估机构。

采用云计算服务期间，用户和云服务商应遵守以下要求。

（1）安全管理责任不变。信息安全管理责任不应随服务外包而转移，无论用户数据和业务是位于内部信息系统还是云服务商的云计算平台上，用户都是信息安全的最终责任人。

（2）资源所有权不变。用户提供给云服务商的数据、设备等资源，以及云计算平台上用户业务系统运行过程中收集、产生、存储的数据和文档等都应属用户所有，用户对这些资源的访问、利用、支配等权力不受限制。

（3）司法管辖关系不变。用户数据和业务的司法管辖权不应因采用云计算服务而改变。除非我国法律法规有明确规定，云服务商不得依据其他国家的法律和司法要求将用户数据及相关信息提供给他国政府及组织。

（4）安全管理水平不变。承载用户数据和业务的云计算平台应按照政府信息系统安全管理要求进行管理。为用户提供云计算服务的云服务商应遵守政府信息系统安全管理政策及标准。

（5）坚持先审后用原则。云服务商应具备保障用户数据和业务系统安全的能力，并通过安全审查。用户应选择通过审查的云服务商，并监督云服务商切实履行安全责任，落实安全管理和防护措施。

2. GB/T 31168

2014年9月，由信安标委提出并归口，中国信息安全研究院有限公司作为牵头单位申请立项的标准制订项目GB/T 31168-2014《信息安全技术 云计算服务安全能力要求》被发布，其描述了以社会化方式为政府用户提供云计算服务时，云服务商应具备的安全技术能力。

GB/T 31168-2014《信息安全技术 云计算服务安全能力要求》的目的是配合政府部门云计算服务安全审查工作。拟向政府提供服务的云服务商，需要由第三方评估机构进行安全评估，以验证其是否满足该标准的要求，评估结果将作为是否批准云服务商向政府部门提供服务的重要依据。起草组提供了与 GB/T 31168 标准相配套的安全计划模板，模板中包含了标准要求的所有条款。云服务商需要根据云安全措施的实际实施情况，完整填写安全计划，它将作为第三方安全评估的重要参考。

GB/T 31168-2014《信息安全技术 云计算服务安全能力要求》关注的重点安全问题如下。

（1）系统开发与供应链安全：从系统开发角度来看，强调了云服务商的安全保证能力，特别对云计算平台上产品和服务的供应链安全提出了要求，其目的是增强关键环节使用国外产品和服务的可控性。

（2）系统与通信保护：要求在云计算平台的外部边界和内部关键边界上监控和保护网络通信，并确保系统虚拟化、网络虚拟化和存储虚拟化的安全。

（3）访问控制：对云服务商保护用户数据和用户隐私、限制授权行为等提出了要求。

（4）配置管理与维护：对云计算平台提出了配置管理要求，并要求云服务商定期维护云计算平台设施和软件系统。

（5）应急响应与容灾备份：要求云服务商确保在紧急情况下重要信息资源的可用性并有效处理安全事件，以确保用户业务可持续。

（6）审计：强调了云计算平台上的审计功能，并对审计的查阅提出了有别于传统信息系统的更高的要求。

（7）风险评估与持续监控：要求云服务商对云计算平台进行风险评估，并对受保护目标进行持续安全监控。

（8）安全组织与人员：强调了云服务商及第三方的人员安全，重点防范国外云服务商的人员安全风险。

（9）物理与环境保护：要求云服务商的机房位于中国境内，并严格限制各类人员与运行中的云计算平台设备进行物理接触。

2.4 云安全管理关键领域分析

构建云安全管理体系时，既要面面俱到地逐层部署管理措施，又要从全局出发，有针对性地关注那些涉及云安全管理体系各个层次的关键领域，在每个领域中部署全面的云安全管理措施并进行统一管理，从而提升整个云安全管理体系的效能。本节主要介绍 5 个安全管理关键领域，分别是网络安全管理、可用性管理、访问控制管理、安全监控与告警、应急响应。

2.4.1　网络安全管理

　　云计算服务中的通信网络由两部分组成，一部分是云计算服务平台内部的通信网络；另一部分是云计算服务平台和外部环境之间的通信网络。云计算服务平台内部的通信网络应纳入云安全管理体系中进行实时、统一管理。云计算服务平台和外部环境之间的通信网络不在云服务商的控制范围内，云服务商需通过访问控制、在网络接口处部署网络安全设备等措施来防止来自外部网络的非授权访问、恶意攻击等不法行为发生。

　　云计算服务平台内部的网络安全管理需要侧重于对网络安全要素进行管理，在诸多网络安全要素中，网络安全策略、网络安全配置、网络安全事件和网络安全事故这 4 个要素较关键。

　　（1）网络安全策略。网络安全策略是网络安全的"灵魂"，它是维护网络系统安全的指导原则，也是检查网络系统安全的唯一依据。网络安全策略作为安全策略中的一个类型，对它的管理方法应参照安全策略的管理方法来执行。

　　（2）网络安全配置。网络安全配置是指对构建网络安全系统的各种网络安全设备的安全规则、选项、策略的配置，它是网络安全策略的微观实现。如果配置不当，不仅不能发挥网络安全设备的安全作用，还可能对网络的性能造成很大的影响。为全面保障网络安全，网络安全管理员不仅要对防火墙、IDS/IPS、VPN 系统等网络安全设备的安全规则、选项等进行配置，还需要对包括虚拟机、数据库等在内的一些系统关键组成部分的安全选项进行配置、加固和优化。

　　（3）网络安全事件。网络安全事件是指可能影响网络安全的不当行为或异常现象，包括执行恶意代码、试图以错误的账号登录系统、某个网络段内 IP 地址包泛滥等。网络安全管理员通过合理的方法将相关的日志信息收集起来，利用信息融合、数据挖掘等技术对收集到的安全事件信息进行冗余处理、综合分析、趋势分析，发现网络系统中存在的漏洞并及时改进，以找到可能严重威胁网络安全的行为并及时预防。

　　（4）网络安全事故。网络安全事故是指造成了实质的影响和损失的网络安全事件。网络安全事故发生后，网络安全管理员必须能够准确了解相关的网络安全设备的状况和记录的信息，找到事故原因并及时处理，以尽可能地减小事故带来的影响和损失。网络安全管理员还需对事故进行深入分析，找到事故动机，防止同样的网络安全事故再次发生。

　　云计算服务平台内部的网络安全管理要依赖于大量防火墙、IDS/IPS、VPN 系统等网络安全设备来进行，但由于这些设备来自不同的厂商，没有统一的标准接口，无法进行信息交流，安全设备之间无法实现协作，不能形成安全联动机制，不能提供统一的预警、自动响应等功能，极大地降低了网络安全管理的效果。因此，网络安全管理员需要建立一个规范的网络安全管理平台，对各种安全设备进行统一管理。

网络安全管理平台的核心模块包括安全管理中心、集成接口、控制台和数据库等，安全管理中心之间可以通过集成接口进行连接，以灵活扩展为多级结构。每个网络安全管理平台需要实现与各种网络安全设备之间的互通和联动。总之，网络安全管理平台应具备高安全性、高可靠性、高性能、高扩展和良好的互操作性，这样不仅可以减少网络安全管理人员的数量，还可以提高网络管理效率。

2.4.2 可用性管理

云计算服务不可避免地会出现停机，停机的情况不同，影响用户的严重程度和范围也不同。与任何内部 IT 支持的应用程序类似，服务中断造成的业务影响将取决于计算应用程序的重要程度，以及其与内部业务流程的关系。对于关键业务应用程序，由于业务严重依赖于服务的持续可用性，即使几分钟的服务中断就可能对机构的生产力、收入、用户满意度以及服务水平合规性等方面造成严重的影响。云计算服务的弹性和可用性取决于：云服务商的数据中心架构（负载均衡、网络、系统等）、应用程序架构、主机位置冗余、多个互联网服务提供商以及数据存储架构等。下面以 PaaS 为例说明可用性管理。

在典型的 PaaS 中，开发者在云计算服务提供商提供的 PaaS 平台上搭建不熟悉的 PaaS 应用程序。PaaS 平台通常建造在云服务商所拥有并管理的网络、服务器、操作系统、存储基础设施和应用程序组件之上。用户的 PaaS 应用程序是使用云服务商提供的应用组件以及在某些情况下使用第三方 Web 服务组件构建的，因此 PaaS 应用程序的可用性管理变得十分复杂。例如，在谷歌的 App Engine 上的社交网络应用程序依赖 Facebook 应用程序的联系管理服务。在混合模式软件部署构架中，可用性管理的责任是由用户和云服务商共同承担的。用户对管理用户开发的应用程序以及第三方服务负责，PaaS 云服务商负责 PaaS 平台以及其他由云服务商所提供的服务。按照设计，PaaS 应用程序可能依赖其他第三方 Web 服务组件，这些组件并不是 PaaS 所提供的部分；因此，了解应用程序对第三方服务的依赖性是很有必要的，这种第三方服务包括由 PaaS 提供商提供的服务（如 Web 2.0 应用程序使用谷歌地图进行地理映射）。PaaS 提供商可能也提供一套 Web 服务，用户的应用程序可能依靠这些服务组件（如谷歌的 BigTable）的可用性。因此，PaaS 应用程序的可用性取决于用户的应用程序的健壮性、搭建的应用程序的 PaaS 平台以及第三方 Web 服务组件。

2.4.3　访问控制管理

访问控制管理为用户和系统管理员提供一系列资源访问管理功能，包括访问网络、系统和应用程序资源等。访问控制管理功能解决如下问题：用户权限的分配；用户工作职能和责任的权限分配；访问权限的认证方法和认证强度；核实权限分配的审计和报告。在云计算消费模式中，用户可能通过任何可连接到互联网的主机访问云计算服务，网络访问控制发挥的作用越来越少。因为传统基于网络的访问控制主要基于主机属性保护资源不受非授权访问，这在大多数情况下是不能满足的，不是用户间特有的，因此往往会导致审计的不准确。在云计算中，网络访问控制表现为云计算防火墙策略，这个策略在云计算的出、入口处执行基于主机的访问控制，并对云计算内部的实例进行逻辑分组。它通常由基于标准传输控制协议（Transmission Control Protocol，TCP）/IP 参数的策略实现，包括 IP 地址、源端口、目的 IP 地址及目的端口等。

云计算的访问控制与基于网络的访问控制相比，云计算用户访问控制尤为重要，因为它是将用户身份与云计算资源绑定在一起的重要手段。在 PaaS 模式中，云服务商负责管理对网络、服务器和应用程序平台基础设施的访问控制，而用户负责部署于 PaaS 平台的应用程序的访问控制。对应用程序的访问控制表现为终端用户的管理，包括用户开通和身份认证。

2.4.4　安全监控与告警

安全监控是一种保障信息安全的有效机制，它通过数据采集、分析处理、规则判别、违规阻止和全程记录等过程，实现对系统中各类信息和用户操作的保护和监控。安全监控的对象可分为信息和操作两大类，其中信息主要是指系统的文件和文本信息，操作主要是指用户人为产生的操作行为（监控系统要对文件信息的变更和文本信息的复制、传播以及人为操作进行记录、甄别）。告警则是指当某些人员或安全设备监控到违反安全策略的安全事件时，要及时向相关负责人发出警报，以便及时采取相应的解决措施。安全监控与告警能够有效避免严重的安全事故发生，保障信息系统的可用性。

在云安全管理中，安全监控与告警涉及云计算服务平台的各个层面，如图 2-8 所示。

1.　安全区域监控与告警

云服务商要在安全区域部署摄像头，监控人员访问及人为操作情况，来确保设备的安全和正常运行，要根据不同应用场景选择不同功能的摄像头。比如，在安全区域周边部署时可以选择监控范围较广、画质一般清晰的摄像头；在关键设备周围部署时要选择针对性较强、画质非常清晰的摄像头。

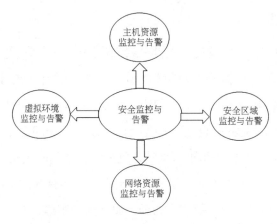

图 2-8 安全监控与告警

2. 网络资源监控与告警

一般情况，云服务商需要在云计算系统的各个层面部署防火墙、VPN、IDS/IPS 或其他网络安全设备，用于监控云计算系统的网络资源。同时，其也要在外部网络与云计算系统、用户终端的接口处部署相关的网络安全设备，监控通过外部网络进入云端、用户端及流向外部网络的信息。管理人员要对网络安全设备进行统一管理，确保其正常运行。

3. 虚拟环境监控与告警

云服务商要重点监控虚拟机、Hypervisor。监控虚拟机时，其要特别关注虚拟机的创建、启动、迁移和删除等操作。监控 Hypervisor 时，其要特别关注 Hypervisor 中是否存在非授权访问等现象。云服务商可以部署相关设备实现对虚拟环境的监控。

4. 主机资源监控与告警

主机资源监控包括用户访问监控、用户操作监控、进程监控等。云服务商可部署相关设备实现主机资源监控。比如，使用 Linux 系统中常用的资源监控工具，也可利用简单网络管理协议（Simple Network Management Protocol，SNMP）实现对网络主机的综合监控。

2.4.5 应急响应

云计算信息系统具有开放性，其面对各种攻击是不可避免的，这时保障云计算信息系统安全的重点就是在安全策略的指导下及时发现问题，并得到迅速响应。P2DR（Policy，Protection，Detection，Response）模型以安全策略为中心，是一个具有动态性、过程性的抽象安全模型，体现了安全管理的思想。同时，它也是目前国内外在信息系统中应用最广泛的安全模型之一。结合 P2DR 模型，我们可将云安全事件处理过程分为 3 个阶段：事前、事中、事后。

1. 事前

进行安全防护，明确边界，划分安全区域，把要保护的资源与攻击者分开，修建隔离墙，设立边界检查措施，通过增加"空间"距离，减少与外界的通道，提高入侵的难度。

2. 事中

进行动态监控，在边界外要观察攻击者的动向，在边界内要注意一些用户的异常行为。监控的目的是在入侵者造成破坏之前尽快发现对方，并及时应对，以减少损失。

3. 事后

取证追究责任人，震慑入侵者。处理完事件后，要追查入侵者进入的途径，检查问题点，对入侵者的行为记录进行分析，从而发现防护体系与监控体系的漏洞，防止入侵者再次进入。

2.5 云安全管理平台

云安全管理平台为用户提供整个安全资源池的管理员视角，管理员可以实现对安全资源池的集中、统一、全面的监控与管理，同时该平台提供了丰富的拓扑、设备配置、故障告警、性能、安全、报表等网络安全管理功能，使安全管理过程标准化、流程化、规范化，极大地提高故障应急处理能力，降低人工操作和管理带来的风险，提升信息系统的管理效率和服务水平。

本文以安恒信息公司自主研发的天池云安全管理平台为代表产品，针对天池云安全管理平台的功能、特征、优势和应用这 4 个方面进行详细分析与说明。

2.5.1　天池云安全管理平台功能

天池云安全管理平台是安恒信息公司根据多年对云计算的深入研究和风险分析，结合自身在安全领域多年的经验及技术积累，打造的专门针对云上安全的安全产品，旨在帮助用户解决云上的安全问题。天池通过不断地汇聚云安全能力，帮助用户构建统一管理、弹性扩容、按需分配、安全能力完善的云安全资源池，为用户提供一站式的云安全综合解决方案。天池云安全管理平台的架构模型如图 2-9 所示。

天池云安全管理平台覆盖的云安全风险非常全面，针对云计算的多个层级都提供了用于防御的云安全产品。其中主要包括综合漏洞扫描、云 Web 应用防火墙、网页防篡改、下一代云防火墙、主机安全及管理、云堡垒机、数据库审计、综合日志审计和等级保护等云安全管理功能。

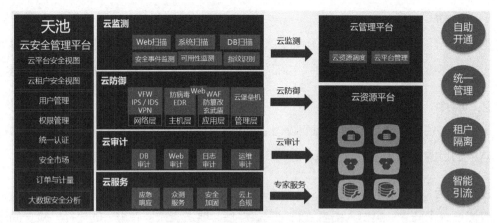

图 2-9　天池云安全管理平台的架构模型

1．综合漏洞扫描

综合漏洞扫描服务的业务流程如图 2-10 所示。通过先进技术，综合漏洞扫描服务实现分布式、集群式漏洞扫描功能，大大缩短扫描周期，提高长期安全监控能力。通过 B/S框架及完善的权限控制系统，综合漏洞扫描服务最大程度上满足用户的安全协作要求。

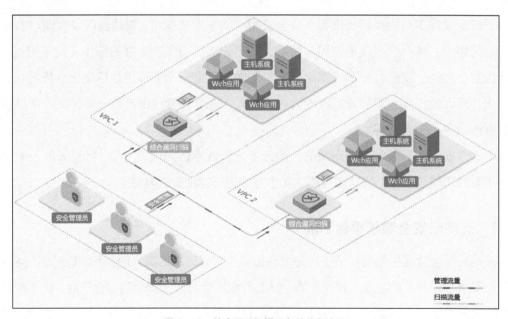

图 2-10　综合漏洞扫描服务的业务流程

2．云 Web 应用防火墙

云 Web 应用防火墙提供 Web 应用防御能力，对访问网站的流量进行安全清洗，其业务流程如图 2-11 所示。Web 应用防火墙置于外部互联网和内部 Web 应用服务器之间，以串行的方式接入，并且对硬件的要求非常高。Web 应用防火墙通过执行一系列针对HTTP/HTTPS 的安全策略来为 Web 应用提供保护，主要用于防御针对网络应用层的攻击，像结构查询语言（Structure Query Language，SQL）注入、跨站脚本攻击、参数篡改、应用平台漏洞攻击、拒绝服务攻击等。

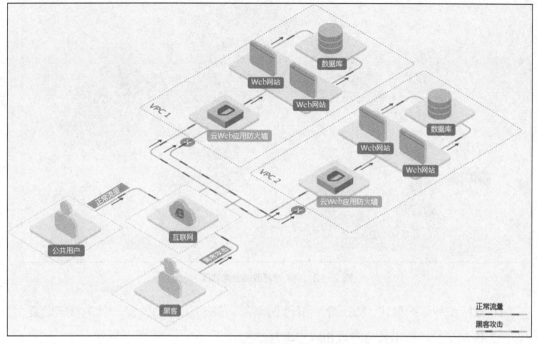

图 2-11 云 Web 应用防火墙的业务流程

针对 Web 应用系统可能存在的安全风险，通过对网络层、Web 服务层、Web 应用程序层、应用内容属性 4 个层面进行全方位安全分析与防御。针对各个层面不同的安全属性，分别采取相互独立的安全防御技术针对性防御，从整体上提升 Web 应用的安全防御能力。

云 Web 应用防火墙采用当前主流的代理技术架构，以 Web 服务代理技术形成的天然屏障解决了传统网络重组技术的一系列难题。同时云 Web 应用防火墙通过 TCP 加速、高速缓存、内容压缩等技术，帮助用户加快网站应用访问速度，减轻 Web 服务器的负担。

3. 网页防篡改

网页防篡改服务为用户提供先进的网页防篡改能力，对用户的网站加以防护，并借助防篡改引擎，实现对篡改行为的监测，其业务流程如图 2-12 所示。

网页通常由静态文件和动态文件组成，对动态文件的保护通过在站点嵌入 Web 防攻击模块，以及设定关键字、IP 地址、时间过滤规则，对扫描、非法访问请求等操作进行拦截来实现；静态文件保护在站点内部通过防篡改模块进行静态页面锁定和静态文件监控，发现有对网页进行修改、删除等非法操作时，进行保护并告警来实现。总结网页防篡改的主要功能如下。

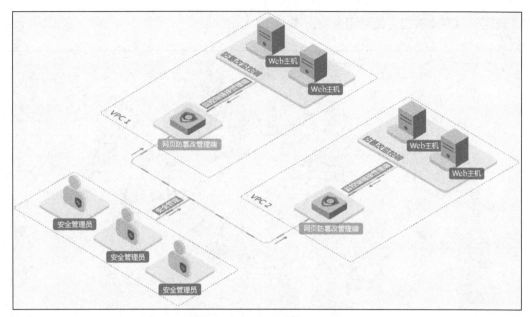

图 2-12 网页防篡改的业务流程

（1）支持多种保护模式，防止静态和动态网站内容被非法篡改。新一代内核驱动及文件保护，确保防护功能不被恶意攻击或者非法终止。

（2）采用核心内嵌技术，支持大规模连续篡改攻击保护。

（3）完全杜绝被篡改内容被外界浏览。

（4）支持继线/连线状态下篡改检测。

（5）支持多服务器、多站点、各种文件类型的防护。

4．下一代云防火墙

下一代云防火墙以用户识别、应用识别为基础，为用户提供多重安全功能，其业务流程如图 2-13 所示。传统防火墙策略依赖 IP 地址与介质访问控制（Medium Access Control，MAC）地址来区分数据流，这不利于管理和对网络状况的掌握与控制。下一代防火墙集成了安全准入控制功能，支持多种认证协议和认证方式，实现了基于用户的安全防护策略部署和可视化管控。在应用安全方面，下一代云防火墙可以做到对各种应用的深层次的识别；另外，通过与远程接入技术、虚拟化技术相结合，为远程接入终端提供虚拟应用发布和虚拟桌面功能，不用执行任何应用系统用户端程序，使其本地完成和内网服务器端数据的交互，实现了终端到业务系统的"无痕访问"，从而达到了终端与业务分离的目的。总结下一代云防火墙主要功能如下。

（1）网络隔离：实现资产的网络隔离和网络访问控制。

（2）入侵防护：攻击检测和防御，轻松识别攻击并防护。

（3）病毒过滤：高性能病毒引擎，可防护多种病毒。

（4）行为管理：记录阻止访问恶意网站，审计上网行为。

（5）安全互联：丰富的 VPN 特性，确保高可靠的安全互联。

（6）带宽管理：基于不同应用灵活管理流量带宽的上下限。

（7）负载均衡：支持服务器间的负载均衡。

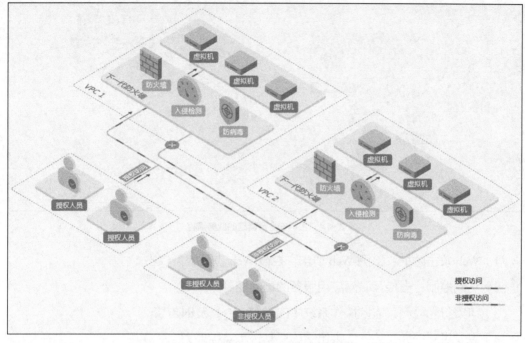

图 2-13 下一代云防火墙的业务流程

5．主机安全及管理

主机安全及管理系统安全分析平台提供符合网络安全法要求的日志集中化管理功能和多种类型的关联分析，并依照合规要求生成多种审计报表，为用户提供持续性安全监控能力和高效的攻击溯源分析技术平台，其业务流程如图 2-14 所示。

由图 2-14 可知，主机安全及管理系统由安全管理中心和用户端组成。安全管理中心部署在独立提供的服务器或个人计算机（搭载 Linux 操作系统）上，主要功能为把所有用户端信息集中于一体，便于集中监管和配置安全策略，聚合用户端情报信息。安全管理中心采用 B/S 架构，其被安装完成后，用户可以在任意与安全管理中心网络相通的计算机上访问其 Web 页面，对终端进行管控。用户端软件是一个独立的本地可执行程序，安装在需要被管控的主机上，完成安全管理员通过安全管理中心下发的任务和策略。在部署主机安全及管理系统时，首先架设安全管理中心，然后在主机上安装用户端软件，即可实现安全管理中心与用户端的安全连接。总结主机安全及管理能力的主要功能如下。

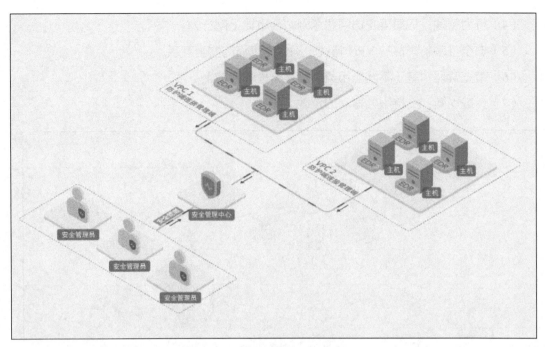

图 2-14　主机安全及管理的业务流程

（1）Web 攻击防护：检测 Web 请求，拦截 Web 应用服务攻击。

（2）访问控制：支持互联网应用服务的访问控制。

（3）可疑行为检测：监控操作系统中的横向命令，及时告警。

（4）异常进程行为监控：提供策略级异常进程监控能力。

（5）网络对外连接审计：实时记录进程对外连接情况，提供通信矩阵视图。

（6）暴力破解：阻断对安全外壳（Secure Shell，SSH）和远程桌面协议（Remote Desktop Protocol，RDP）的暴力破解行为。

（7）Webshell 扫描：提供 Webshell 检测功能。

（8）文件完整性监控：监控指定目录下文件内容完整性。

6. 云堡垒机

云堡垒机为用户提供运维审计能力。用户可以通过开通、使用运维审计堡垒机服务，使其成为运维的唯一入口。主机连接必须经过云堡垒机的统一身份管理，并基于 IP 地址、账号、命令进行控制，防止越权操作，而且整个操作过程都可以实现全程的审计记录，其业务流程如图 2-15 所示。

云堡垒机采用 B/S 架构，集"身份认证（Authentication）、账户管理（Account）、控制权限（Authorization）、日志审计（Audit）"（4"A"）于一体，具备全方位运维风险控制能力。它支持多种字符终端协议、文件传输协议、图形终端协议、远程应用协议的安全监控与历史查询，通过自动化运维功能，实现自动化的运维并将执行结果通知相关人员。总结云堡垒机的主要功能如下。

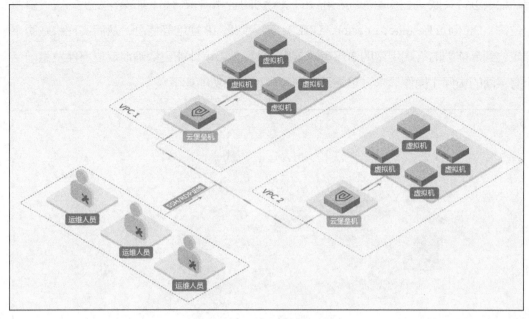

图 2-15 云堡垒机的业务流程

（1）单点登录：实现与用户授权管理的无缝连接，用户只需一次登录，无须记忆多种系统的登录用户 ID 和口令。

（2）账号管理：集中管理所有服务器、网络设备账号，对账号整个生命周期进行监控和管理。

（3）身份认证：提供多种认证方式的统一认证接口，支持与第三方认证服务器结合。

（4）资源授权：提供统一的界面对用户、角色及行为和资源进行授权，达到对权限的细粒度控制。

（5）访问控制：提供自定义控制策略配置，实现细粒度的访问控制。

（6）操作审计：审计账号使用（登录、资源访问等）情况、资源使用情况等，并提供全方面的运维审计报表。

7. 数据库审计

数据库审计帮助用户实现对进出核心数据库的访问流量进行数据报文字段级的解析操作，完全还原进出操作的细节，并给出详细的操作返回结果，以可视化方式将所有访问都呈现在管理者的面前；数据库不再处于不可知、不可控的情况，数据威胁将被迅速发现和响应。云数据库审计的业务流程如图 2-16 所示。

当用户与数据库进行交互时，数据库审计会自动根据预设置的风险控制策略，结合对数据库活动的实时监控信息，进行特征检测和审计规则检测，任何尝试的攻击或违反审计规则的操作都会被检测到并实施阻断或告警。数据库审计能够将 Web 审计记录与数据库审计记录进行关联，直接追溯到应用层的原始访问者和请求信息，如操作发生的统一资源定位符（Uniform Resource Locator，URL）、用户端的 IP 地址等信息，从而实现将威胁来源定位到最前端的终端用户的 3 层审计效果。通过 3 层审计能更精确地定位事件发生前后所有层面的访问和操作请求。总结云数据库审计主要功能如下。

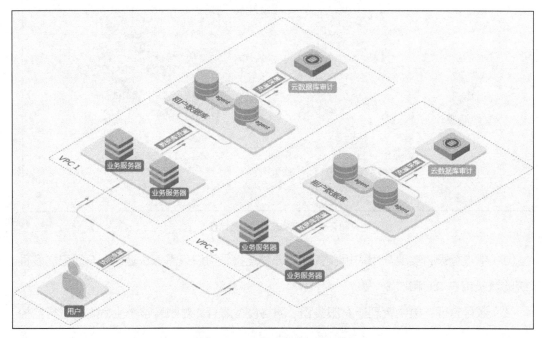

图 2-16　云数据库审计的业务流程

（1）事前安全风险评估。数据库审计服务依托权威性的数据库安全规则库，自动完成对几百种不当的数据库配置、潜在弱点、数据库用户弱口令、数据库软件补丁等的漏洞检测，包括风险趋势管理、弱点检测与弱点分析、弱口令检测、补丁检测、存储过程检测等。

（2）实时行为监控。数据库审计服务可保护业界主流的数据库系统，防止受到特权滥用、已知漏洞攻击、人为失误等的侵害。

（3）细粒度协议解析与双向审计。通过对双向数据包的解析、识别及还原，不仅对数据库操作请求进行实时审计，而且可对数据库系统返回的结果进行完整的还原和审计，包括数据库命令执行时长、执行的结果集等内容；在详细信息中能够看到格式化的操作结果，更有利于事后的取证和追溯。

（4）Web 业务审计。用户只需要将 Web 服务器的流量镜像到数据库审计，就能够对所有基于 Web 的应用的访问行为进行解析还原，形成数据库审计和 Web 审计的双重审计模式。数据库审计能够提取出 URL、Post/Get 值、Cookie、操作系统类型、浏览器类型、原始用户端 IP 地址、MAC 地址、提交参数、返回码等字段，并形成详尽的 Web 审计记录。

（5）高效的行为检索。对已审计的海量记录通过各种要素多重组合的方式进行查询，能够快速精确地定位威胁记录的位置，帮助管理者做出响应。检索效率可以达到 500 万条/s。

（6）基于会话的真实回放。允许安全管理员提取历史数据，对过去某一时段的事件进行回放，真实展现当时的完整操作过程，便于分析和追溯系统安全问题。

8. 综合日志审计

综合日志审计为用户提供日志审计能力，对用户的各类日志进行综合审计分析，并以图表的形式展现在线服务的业务访问情况。通过对访问记录的深度分析，它可发掘出潜在的威胁，起到追根溯源的作用，并且记录服务器返回的内容，便于取证式分析，也可以将其作为案件的取证材料，其业务流程如图 2-17 所示。

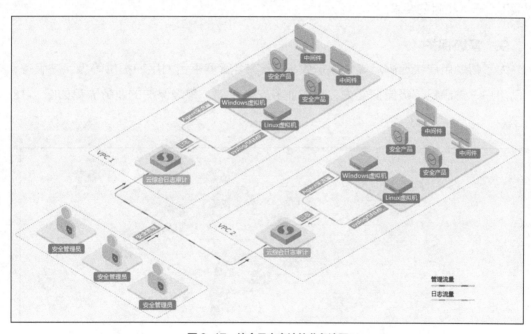

图 2-17　综合日志审计的业务流程

安全管理员通过 Agent 主要完成非标准设备的安全日志采集，Agent 采集到日志信息后，通过 syslog 日志发送给采集器。采集器主要完成标准设备日志的收集功能，把采集的日志数据过滤并转化为统一定义的标准数据格式，完成日志压缩和归并，并传送给综合日志审计平台。综合日志审计平台将格式统一后的日志直接写入数据库并且同时提交给关联分析模块进行分析处理，以确保第一时间对各种存在的安全问题采取相应措施。综合日志审计平台具有强大的事件处理和分析功能。总结综合日志审计主要功能如下。

（1）全面的智能收集功能：不断进行连接检查和完整性检查以及可自定义的缓存功能，确保系统接收到所有数据，配置过滤和聚合功能可以消除无关数据，并且合并重复的设备日志。

（2）标准化日志：对各类日志统一进行解析识别，包括各种安全事件（攻击、入侵、异常等）日志、各种行为事件（内控、违规等）日志、各种弱点（漏洞等）扫描日志、各种状态（可用性、性能等）监控日志。

（3）日志解析能力：采用多级解析功能和动态规划算法，实现灵活的未解析日志事件处理，同时支持多种解析方法，如正则表达式、分隔符、管理信息库（Management Information Base，MIB）信息映射配置等。

（4）先进的关联算法：采取内存中（In-Memory）的设计，利用全内存运算方式，保证事件分析保持高效率和及时性。

（5）满足合规要求：综合日志审计实现日志的统一存储，满足网络安全法中日志存储时间不少于 6 个月的要求。

9. 等级保护

为了帮助用户快速满足等级保护要求，云安全管理平台为用户提供等级保护服务，帮助用户一键满足等级保护要求，保障业务安全可靠。等级保护的业务流程如图 2-18 所示。

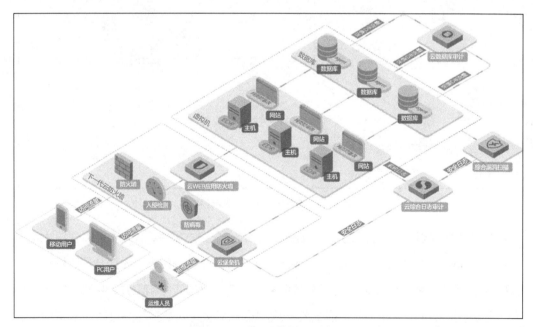

图 2-18　等级保护的业务流程

通过云安全管理平台，用户可以通过可视化拓扑图清晰地获取等级保护服务所涉及的安全产品部署位置、产品功能等。等级保护服务能力通常分为二级能力和三级能力，用户可通过业务安全需求自助选择，同时用户可根据业务规模选择不同规格的服务能力，如基础版、标准版、高级版、旗舰版等。

2.5.2 天池云安全管理平台特征

天池云安全管理平台采用超融合一体机，通过网络对接的方式为用户的业务系统提供安全解决方案，通过扩展超融合一体机的计算节点，实现模块化的无缝横向扩展，为云安全运营平台提供统一的云安全资源池。同时，云安全管理平台提供标准 API，快速实现管理业务开发。安全服务直接部署在云计算平台虚拟机上，和用户业务网络互通云安全管理平台作为统一的管理平台接管安全服务的业务逻辑，实现安全业务的统一管理，包括统一管理计算资源和安全资源。云安全管理平台体系完备、覆盖面广、可智能监控、运维成本可控，能够满足云计算用户的全方位安全需求。综合天池云安全管理整体特征，云安全管理平台特征可总结为完整的云安全防护体系、可视化的安全监控平台、统一管理降低运维成本、实现安全运营增值能力、理清安全责任边界、快速满足等级保护要求等 6 个方面。

1．完整的云安全防护体系

云安全管理解决方案为用户提供了平台安全和租户安全，云安全防护产品覆盖网络层、应用层和数据层，包含但不仅限于以下安全能力：云数据库审计、云综合日志审计、云堡垒机、云防火墙、漏洞扫描、IPS、IDS、APT、云 WAF、网页防篡改、EDR、防病毒等，满足云计算平台和云租户多样化的安全需求。

同时，云安全管理平台开放第三方接口，允许第三方安全产品接入云安全资源池，丰富云安全资源池的安全能力。

2．可视化的安全监控平台

随着云计算平台的不断成熟，租户业务系统的不断迁入，整个云计算平台的安全状态会变得越来越复杂。通过部署云安全管理平台，用户能够全局观察整个云计算平台的安全态势，实现安全拓扑、业务风险、安全合规等可视化管理，让安全运维管理变得更加简单。

3．统一管理降低运维成本

云安全管理为用户提供统一的云安全管理平台，实现安全资源池的统一管理、安全服务状态的统一监控和安全产品的统一运维等功能，大大降低了用户安全的运维成本。

（1）安全资源池的统一管理。安全运营管理员可以通过管理平台实时掌控云安全资源池的使用状态、每个安全模块的资源占比以及每个租户的安全资源使用率等。当安全资源不够时，管理平台可及时响应并对安全资源进行扩容。

（2）安全服务状态的统一监控。安全运营管理员能够通过云安全运营平台统一监控整个云计算平台的安全状态和租户的安全资源使用情况；云租户可以通过云安全租户平台统一管理自己的云安全资源，掌握自己业务的整体安全动态，对安全产品进行统一配置。

（3）安全产品的统一运维。通过统一的管理平台，管理员和租户可以统一运维权限范围内的安全资源，无须单独登录到不同的安全产品进行管理，降低运维成本。

4．实现安全运营增值能力

云安全管理平台通过安全资源池的方式为用户提供一体化的安全解决方案，为云服务商提供了云安全运营能力。云服务商可以将安全资源池的安全能力以服务的方式提供给用户，提供安全增值服务，实现运营创收。

5．理清安全责任边界

云安全运营管理员和云租户管理权限分离。理清安全责任边界可避免安全责任边界模糊带来的不必要纠纷。

（1）租户通过云安全租户平台自助申请安全资源，并统一管理，租户安全责任由其自己承担。

（2）运营管理员通过云安全运营平台统一管理安全资源池的状态和云计算平台的安全状态，负责安全资源池的运营和云计算平台的安全。

6．快速满足等级保护要求

等级保护是我国推行较广的一套安全标准，根据网络安全等级保护的基本要求，在云计算环境中，云服务商的云计算平台应单独作为定级对象定级，云租户侧的等级保护对象也应作为单独的定级对象定级。即云计算平台满足等级保护要求的同时，云租户业务也需要满足等级保护要求。

云安全管理平台为租户提供等级保护服务，如安全产品和安全服务，帮助用户快速满足等级保护要求，达到业务安全规范的要求。

2.5.3　天池云安全管理平台优势

天池云安全管理平台为用户提供两个管理视角：云计算平台安全视角、云租户安全视角。管理平台实现所有安全产品的用户认证统一、权限统一，同时开放安全接口，兼容其他厂商安全能力，为用户提供大数据安全分析能力；通过和云计算平台网络对接，为云计算平台提供整体云安全解决方案。

天池云安全管理平台优势可总结为 7 个方面：软件定义安全、自动化部署、安全数据隔离、安全弹性扩展、安全高可靠性、大数据安全分析、开放安全资源池。

1. 软件定义安全

天池云安全管理平台实现软件定义安全，完成了底层安全资源和顶层安全业务的解耦。它将安全服务所需的虚拟计算资源、网络资源、存储资源等抽象为安全资源池，在顶层统一通过软件编程的方式进行智能化、自动化的安全业务编排和管理，通过软件定义的方式自动定义安全能力，从而形成灵活的安全防护体系。

2. 自动化部署

天池云安全管理平台中所有的安全产品都以镜像文件、SaaS 或软件的方式存储在安全资源池中。当用户开通安全产品时，天池云安全管理平台会调用底层安全资源池的接口实现安全产品的自动部署、安装。用户一键式申请开通即可立即使用安全产品，无须担忧传统安全产品烦琐的部署流程。它可实现安全产品即开即用，简化安全资源使用流程，降低人力投入成本。

3. 安全数据隔离

安全数据属于非常敏感的数据，在实现统一分析、统一管理的基础上，天池云安全管理平台实现基于租户级别的云安全产品和安全数据隔离，保障每个租户安全数据的独立性，其功能结构如图 2-19 所示。云安全资源池中包含多个租户，比如租户 A、租户 B 等，每个租户拥有独立的安全数据，数据安全性得到了很好的保障。

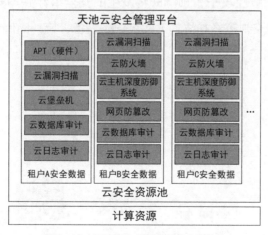

图 2-19　天池云安全数据隔离功能结构

4. 安全弹性扩展

天池云安全管理平台建设弹性的安全资源池，通过给用户开通安全账户，用户可以按需申请安全资源，自定义安全资源的种类、规格、数量、使用时长、配置等，提升安全资源的利用率，避免资源被过度占用造成浪费。随着安全业务的扩展，安全资源池和单个安全产品性能都需要扩展,天池云安全管理平台为用户提供安全资源池和安全产品的动态扩展功能。

当云安全资源池的 CPU、内存等不足时,可以横向增加 x86 服务器平滑扩展计算能力。当单个云安全实例的 CPU、内存等不足时,可以支持纵向拉升 CPU、内存,提升单个云安全实例的计算能力。

5. 安全高可靠性

在云计算环境中,数据规模和复杂度大大增加,因此对系统可靠性要求也更高,而传统的网络存储系统采用集中的存储服务器存放所有数据,存储服务器成为系统性能的瓶颈,也是可靠性和安全性的焦点,不能满足大规模存储应用的需要。

天池云安全管理平台安全资源池采用分布式存储架构,将安全数据分散存储在多个独立的计算节点上,利用多台存储服务器分担存储负荷,利用位置服务器定位存储信息,这不但提高了系统的可靠性、可用性和存取效率,也方便动态扩展。

天池云安全管理平台的每一份数据会同时保存在不同的计算节点的存储内,当一台计算节点出现故障无法运转时,平台会实现安全产品虚拟机的自动漂移,不会影响安全业务的正常运行。

6. 大数据安全分析

天池云安全管理平台实现其他安全模块和大数据模块的联动防御,大数据安全分析发现潜在的入侵和高隐蔽性攻击,预测即将发生的安全事件并与安全防护设备形成联动,自动安全调整访问控制策略并将其下发至防御设备,第一时间阻断攻击者的连接,其功能结构如图 2-20 所示。

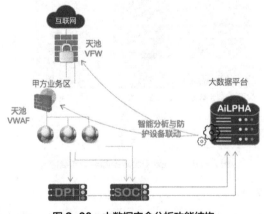

图 2-20 大数据安全分析功能结构

大数据平台通过智能分析检测,发现绕过防护设备的隐蔽、低频率的高级威胁,并提供可视化大屏幕,以个性化展示结果数据以及使用告警系统生成异常结果数据警报,让用户能够全局观察整个系统的安全态势，让运维管理变得更加简单。

7. 开放安全资源池

天池云安全管理平台是一个开放、合作的安全资源池，其上层管理平台开放第三方接口，方便各安全厂家的安全产品接入。

天池云安全管理平台提供产品发布功能，用户的安全产品可以通过镜像文件的方式导入安全资源池镜像文件库，并通过顶层安全管理平台自定义安全产品的开通介绍页面。当用户开通安全产品时，平台会自动调用安全镜像文件和安全资源池接口创建安全实例，实现安全产品的自动化部署和统一管理。

2.5.4 天池云安全管理平台应用

天池云安全管理平台涵盖公有云、私有云、混合云等不同环境，整体安全建设以云监测、云防御、云审计、云计算服务的闭环为解决思路，全面覆盖云计算平台网络、主机、计算、存储、业务和管理多个层次，给用户提供一套合法合规、防护有效、简单易用、灵活扩展的云安全建设方案，以保障数字经济建设。目前其产品及服务已经进入包括政府、金融、医疗、教育、能源等在内的众多领域。本节将以天池云安全管理平台在政府、金融、医疗、能源等领域的应用为例，详细解读天池云安全管理平台的应用价值。

1. 政府

在由管控型向民生服务型转变的发展趋势下，各国政府积极探索如何转变职能，优化组织结构，提高管理水平和服务能力，这对政务信息化提出了更高的要求。传统电子政务系统面临着如下挑战：

- 数据资源共享交换和跨部门业务协作难，无法满足多样化服务的需求；
- 分散建设模式导致资源利用率低，IT 服务保障难；
- 政务信息安全遭受来自内部和外部的多重威胁；
- 各单位独立建设的数据中心机房缺乏统一规划，能效低、运维水平不一。

天池政务云解决方案旨在为政府精准决策和政务人员高效办公提供支撑，为企业和民众提供丰富、便利的服务。天池云安全管理平台立足于对政务信息化的深刻理解，构筑开放共享、敏捷高效、安全可信的政务云基础架构，并通过与政府行业的集成商和独立软件开发商（Independent Software Vendors，ISV）密切合作，具备全面的政务云计算服务能力，能够为政府部门提供共享的基础资源、开放的数据支撑平台、立体的安全保障及高效的运维服务保障。

作为政务云解决方案的典型应用案例，浙江省某政务云是面向党政的业务系统，承载了包括各区县的政务管理，首期采用阿里云计算平台技术融合天池云安全管理策略，按照等级保护三级要求建设 1000 多台安全虚拟机的电子政务云。采用天池超融合一体机的方式，将政务系统部署在核心交换机上，通过流程牵引技术，把流量牵引到天池做防护。用户最终获得的收益如下所示：

- 解决云上租户的安全难题，保障租户业务系统满足等级保护要求；
- 加快业务系统上云进程；
- 明确安全责任边界，清楚定义 SLA 协议；
- 构建态势感知能力，全局掌握电子政务安全状态；
- 充分利用云、大数据的能力，提升安全防护水平；
- 推行国家等级保护、网络安全法符合性测评、整改；
- 提高服务能力和响应速度。

2. 金融

天池云安全管理平台提供专业的云安全服务体系，为银行、保险、证券、互联网金融等金融用户的业务云化提供低成本、高可靠、可弹性伸缩的一站式云安全综合解决方案，保护金融企业的应用系统和数据安全。

某行征信系统安全建设项目，需要在满足网络安全等级保护要求的基础上，对征信系统进行重点保护。整个安全项目建设包含多个安全子项目，其中安全审计子项目要实现运维安全管控、日志采集、分析和存储的综合管理，以及对数据库操作的监控、审计、预警等。用户最终获得的收益如下所示。

- 对运维人员、第三方人员实现了账号和自然人一对一匹配，解决了资产账号共享导致的安全问题。
- 资产账号和口令由堡垒机统一保管（可实现定期改密），保障系统安全。
- 对第三方接入进行安全管控。
- 建设综合安全日志审计平台，将各类日志数据集中分析，发现潜在的安全事件，辅助上级领导做出安全决策。
- 满足合规要求。

3. 医疗

近几年医院信息化迅猛发展，正逐步建立统一高效、资源整合、互联互通、信息共享、透明公开、使用便捷的医疗信息系统。医疗信息系统互联、互通的实现，使其面临的外部安全威胁也日益增长。随着医疗改革的逐步深入，国家也出台了相关政策及法律法规，在这种情况下，如何保证信息安全是医院信息化建设必须解决的关键问题之一。

　　某医院的医院信息系统（Hospital Information System，HIS）、实验室信息管理系统（Laboratory Information Management System，LIS）、医学影像存档与通信系统（Picture Archiving and Communication System，PACS）、办公室自动化（Office Automation，OA）等系统是本单位信息化管理的重要组成部分，根据《信息安全等级保护建设指南》，HIS和LIS被定为三级，PACS和OA系统被定为二级，整体网络按照三级要求进行安全建设。结合某医院的实际情况，从技术、管理、服务3个层面，对HIS、PACS和OA等核心业务系统的安全进行整改和建设，形成完善的等级保护安全保障体系，以符合国家卫生健康委员会（简称卫健委）和该市卫健委对三甲医院信息化等级保护工作的要求。等级保护安全保障体系是在某医院前期安全建设的基础上建立的技术体系和管理体系，并在安全建设过程中进行相应的风险评估、安全加固、安全培训等安全服务。用户最终获得的收益如下。

　　（1）符合某市卫生健康行业等级保护工作要求

　　通过对安全技术体系、安全管理体系和安全运行体系的建设，该市某医院的信息系统安全保障水平符合《信息安全等级保护建设指南》的要求，并通过等级保护测评。

　　（2）构建纵深防御体系

　　针对某医院的通信网络、区域边界、计算环境，综合采用访问控制、入侵防御、恶意代码法防范、安全审计、防病毒、终端管理等多种技术和措施，实现业务应用的可用性、完整性和保密性保护，并在此基础上实现综合集中的安全管理，并充分考虑各种技术的组合和功能的互补性，合理利用措施，从外到内形成纵深的安全防御体系。

　　（3）实现集中的安全管理与态势感知

　　通过建设大数据安全管理平台，实现对医院所有IT资产的安全事件、安全风险、访问行为等的统一分析与监管，使管理人员能够迅速发现问题、定位问题，实现医院整体安全态势感知，以有效应对安全事件的发生。

4. 能源

　　随着能源信息化建设的强劲发展，网络安全问题越发凸显。另外，随着石油业务应用的推广，某石油集团总部和各个企业建设了大量的互联网Web应用系统，据不完全统计，总部和64家企业的互联网Web应用系统已达132个，其中对外网站系统达108个。

　　（1）用户需求

　　不断增加的互联网Web应用系统提高了工作效率，提升了企业形象，但面对的威胁范围也在扩大。如果对外互联网出口及互联网Web应用系统被攻击进而被控制，不仅会给某石油集团造成经济上的损失，还会对企业形象带来负面影响，甚至被国外敌对集团利用，可能对国家造成一定的损失。因此，进一步加强网站安全监测功能显得尤为关键。

（2）解决方案

某石油集团总部部署统一网站监控系统，通过互联网、专网对二级单位的网站进行监测，通过内部网络对总部的网络进行监控，实现对网站脆弱性、安全事件的实时监测。同时，监测结果会被上传到集团数据分析平台上，由平台对问题分布、危害、主机信息、应用系统信息等多视角信息进行细粒度的统计分析，并通过柱状图、饼状图等形式，直观、清晰地从总体上反映集团网站的安全状况，进一步提升网站的安全防护能力及网站的服务质量。

本章小结

本章从云安全管理体系出发，简单介绍了云安全的架构体系、服务体系、技术体系和支撑体系。接着分析了云安全管理的 PDCA 循环流程，并对国内外的云安全管理标准做了简单说明。在此基础上，分析了云安全管理的几个关键领域。最后，以天池云安全管理平台为代表产品，阐述了云安全管理平台的功能、特征、优势及其在不同行业的应用。

云安全管理涉及云计算系统的方方面面，只有合理规划、正确实施、全面检查和有效改进，才能构建一个完整的、可靠的云安全管理体系，才能真正地和云安全技术体系、云安全管理平台结合起来全面维护云计算平台及服务的安全。

课后思考

1. 请简述云安全的架构体系。
2. 请简述云安全管理的 PDCA 循环流程。
3. 请简要分析云安全管理的几个关键领域。
4. 请简述天池云安全管理平台的主要功能。

03
chapter

云数据安全

学习目标
1. 了解云数据安全的目标、风险及相关技术
2. 掌握云数据安全的生命周期
3. 掌握云数据加密的相关技术
4. 掌握云数据隔离、备份及删除的相关技术
5. 熟练掌握天池云数据安全原理及应用

随着云计算的快速发展和广泛应用，在云计算环境中，数据安全和隐私保护都面临着新的挑战。对云数据安全问题深入剖析，以完善的数据安全管理方法和先进的技术为支撑，可实现对用户数据安全的承诺，并提高用户对使用云数据的信心。本章主要从云数据安全概述、云数据安全措施和天池云数据安全实践三大方面进行介绍，以云数据安全生命周期为基础，介绍云数据安全存在的风险，并分析各个阶段云数据安全的关键技术及措施。最后，详细阐述使用天池云安全管理平台提供的云数据安全产品实现数据防护与安全的原理及应用。

3.1 云数据安全概述

由于云环境的灵活、开放、公众可用等特性，对应用程序来说，云端数据存储的安全问题一直存在。要解决云数据安全问题，需要我们提前全面了解和识别其安全威胁、潜在风险及现有安全架构，并针对其制订相应的防范措施。

本节将从分析云数据安全生命周期入手，详细阐明云数据所面临的安全目标及安全风险，并进一步分析云数据安全的相关技术，为后续提供相应的安全措施奠定基础。

3.1.1 云数据安全生命周期

云数据安全生命周期包含 6 个发展阶段，分别是数据创建、数据存储、数据使用、数据共享、数据归档和数据销毁，如图 3-1 所示。

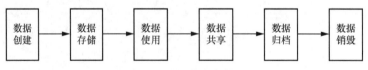

图 3-1 云数据安全生命周期

①数据创建。数据创建阶段即数据刚被数据所有者创建，还没有被存储到云端的阶段。在此阶段数据所有者需给数据添加必要的属性，如数据类型、安全级别等。

②数据存储。数据存储是将数据提交到存储仓库的操作，通常与数据创建同时发生。

③数据使用。数据使用表示查看数据、处理数据或其他数据使用活动。

④数据共享。数据共享表示让不同地点使用不同终端、软件的云用户可以读取他人共享的数据并进行运算和分析。

⑤数据归档。数据归档表示把不常用的数据转移到单独的存储设备长期保存。在本阶段，云数据会面临一些合规性问题。某些特殊数据对归档所用的介质和时间期限有专门规定，而云服务商不一定支持这些规定，导致这些数据无法合规地归档。

⑥数据销毁。在云计算场景下，当用户需删除某些数据时，最直接的方法就是向云服务商发送删除命令，让云服务商删除对应的数据。

3.1.2　云数据安全属性

云数据安全的目标是要确保数据具有安全属性，即机密性、完整性和可用性，且与传统数据安全目标一致。这 3 个安全属性在不同的领域有不同的要求。军事领域的机密性和可用性的要求明显高于其他领域，而对完整性而言，各个领域都有相当高的要求。

云计算作为一种全新的服务模式，在数据安全的机密性、完整性和可用性方面，面临着更广泛和更严峻的安全威胁。下面详细阐述这 3 个安全属性及其存在的问题。

1．机密性

机密性又称保密性，保密性是指信息不被泄露给非授权的用户、实体或过程，或供其利用的特性。数据保密性就是保证具有授权的用户可以访问数据，而限制其他人对数据的访问。数据防泄露技术能够通过对数据进行内容识别，对传输、存储、使用中的数据进行检测，依据预先定义的策略来实施特定响应，有效保护企业内部机密数据不被泄露。数据保密性分为网络传输保密性、数据存储保密性和数据处理过程中的保密性。在云计算环境中，数据的机密性存在的问题主要表现在以下 3 个方面。

（1）访问控制

访问控制包括认证和授权。云服务商通常使用较弱的认证机制，比如用户名和密码。同时，其提供给用户的授权机制也比较粗略，无法达到较好的细粒度控制。对大型组织来说，这种粗略的授权机制会带来较大的安全问题。

（2）数据加密

加密是数据保护最基本的手段之一，但目前仅有部分云服务商提供了云端的数据加密功能，大部分云服务商需要用户自己负责数据的加密工作。云服务商应提供多种通过正式标准检验的加密算法给用户使用，用户考虑云中数据加密方案时要注意加密算法的强度、密钥的长度及密钥管理问题。

（3）密钥管理

对云服务商而言，管理多用户密钥存在着各种问题与挑战。通常，云服务商仅提供一个密钥来加密一个用户的所有数据或使用一个密钥来加密所有用户的所有数据。这种做法虽然降低了云计算环境中密钥管理工作的复杂度，但极大地增加了密钥丢失或泄露的危险性。

2. 完整性

数据完整性是指在传输、存储信息或数据的过程中，确保信息或数据不被未授权的用户篡改或在篡改后能够被用户迅速发现。目前已有的数据防篡改、数据防丢失技术，能够有效地保证数据的完整性。

在云计算环境中，数据存储在云端服务器中，用户需要检查返回数据的完整性。完整性验证是指检查从云服务商读回的数据和之前写入的数据是否一致，即数据是否被篡改。基本方法是上传数据时使用哈希函数计算数据的哈希值，并存放在本地可靠存储中。读数据时用同样的方法计算得到哈希值并将其和本地哈希值进行比较。然而，在云计算环境中存储海量数据时，若每次都下载所有数据到本地进行完整性验证，不仅低效，还占用了宝贵的网络带宽资源。为此，研究者提出了持有性证明，即云服务商可以通过某种方法向用户证明其仍然持有完整的用户数据，并且数据是可获取的，不需要提供完整数据。数据持有性证明用于验证不可信的存储服务器是否正确地持有或保存数据，避免存储服务提供者篡改或删除数据。

保护数据完整性就是保证计算机系统上的数据和信息处于完整的、未受损害的状态，这就是说，数据不会因有意或无意的事件而被改变或丢失。数据完整性的损害可能直接影响数据的可用性。

3. 可用性

可用性是指信息被授权实体访问并按需求使用的特性，即当被授权实体需要时能否访问和存取所需的信息，用户访问数据的期望使用能力。安全的信息系统一定要保证合法用户在需要使用数据时无延时。目前，影响数据可用性的安全因素主要有 3 个，分别是云计算服务中断、网络攻击和安全策略配置不当。

（1）云计算服务中断

近年来，全球发生了众多严重的云计算服务中断事件，比如谷歌的 Gmail 服务故障、亚马逊的 Web 服务中断、Salesforce 服务中断等。这些云计算服务中断事件使存储在云端的数据面临丢失的风险。因此，在面临这种事故时，用户需要考虑如何保证自己的数据不受影响。

（2）网络攻击

与传统信息系统一样，云计算环境中的数据也面临着网络攻击的风险。大量的非正常请求将阻塞数据通道，使用户的正常数据访问不能按时完成，导致服务质量下降。网络攻击还可以伪造用户身份或利用系统漏洞发起攻击，篡改、删除用户数据，盗窃用户机密。

（3）安全策略配置不当

访问控制、权限管理、资源隔离等安全策略配置不当，导致用户在操作自己的数据时，不小心修改、删除其他用户数据，造成其他用户数据被破坏，而且内部人员甚至可以绕过安全策略执行非法操作，严重破坏用户数据的可用性。

为切实保障云数据安全，需要云用户和云服务商准确地划分各自的安全职责，从数据的机密性、完整性和可用性方面进行保障，达到云数据安全的目标。

为保护数据的机密性，云服务商一方面必须能够实现多租户环境下的数据有效隔离，通过访问控制技术防止非授权操作；另一方面需要确保用户想要删除的高敏感度数据能够彻底被销毁，也需确保云用户在云端不可信时能够对数据进行安全删除操作。此外，将数据加密后外包是保护用户云数据机密性的有效手段，但需确保云用户采用技术手段能够对加密数据进行安全、高效的检索，以提升加密数据的可用性。

为保护数据的完整性，需要确保云用户能够对云端数据进行完整性验证，云用户可以自己完成验证，也可以委托可信第三方代替完成验证。但不论用户采用何种完整性验证技术，都必须保障不损害数据的机密性。

为保护数据的可用性，云服务商既需要对传统的多副本技术、数据复制技术进行应用和改进，以防范数据丢失；也需要构建数据容灾备份系统，以防范服务中断对数据的可用性造成威胁。

在复杂的云计算环境中，数据的机密性、完整性和可用性保护互为一体、不可分割。云用户和云服务商必须合理划分职责，采用先进的技术手段和管理手段共同抵御各种安全威胁，才能为云数据构建安全的存储、处理和应用环境。

3.1.3　云数据安全风险

用户数据的安全性问题遍布了云数据的整个生命周期，数据安全在生命周期的 6 个阶段中有不同程度的安全威胁，包括但不限于以下几个方面：攻击者入侵云计算的数据服务器，盗取用户敏感数据；云服务商内部人员泄露用户敏感数据；使用相同云服务商的其他用户，意外得到或盗取他人的敏感信息；云端资源遭到非法滥用，例如被用来滥发垃圾邮件或攻击其他主机等；将敏感数据存储到位于国外的云数据中心时，有可能会违反当地的法律制度；用户不易对云服务商的安全控制措施和访问记录进行审计；云服务商灾备管理不完善，导致用户数据丢失或服务中断；云服务商突然倒闭，无法继续为用户提供服务；用户身份信息被窃，云计算服务资源遭到盗用等。

在整个云数据生命周期中，主要面临的风险如下。

1.　数据存储风险

数据存储风险是指数据存储在云计算服务器硬盘上所面临的一系列的风险，其中包括了数据存储介质问题、数据加密问题、数据备份问题和数据残留问题。

①存储数据的服务器的硬盘或阵列盘被直接接触，如盗取者通过非法手段接近数据中心并直接操作数据中心的服务器来获取用户的信息，从而导致用户数据的泄露和损坏即数据的保密性遭到破坏。

②服务商对存储在云服务器上的数据没有进行加密保护，也没有对数据进行动态保存。其数据往往是静态的、以文本的方式存储在服务器上，一旦数据被盗取或泄露出去，就会造成数据大规模的泄露和扩散。

③数据没有进行跨服务器备份。云服务商往往因为成本而没有对云计算的数据进行有效的"灾难备份"，一旦服务器或硬盘出现故障或事故，服务商将无法完全恢复丢失的数据从而导致数据的丢失。

④云计算服务上对一些废弃的硬盘数据的擦除方式和处置方式不恰当（没有对硬盘进行物理销毁或任意丢弃数据硬盘）导致数据残留从而造成数据泄露。

2. 数据传输风险

由于网络通信的重要性和开放性，用户数据在云计算环境中传输时存在较大的风险，具体包括用户数据被篡改、用户数据被盗窃或监听、拒绝服务攻击等。

（1）篡改用户数据

篡改用户数据是指在未经授权的情况下截获云计算环境中网络传输的数据，对数据进行修改、增加或删除，造成数据破坏。此类别中的一个典型威胁就是会话劫持，此种情况下，数据的完整性和可用性遭到破坏。

（2）盗窃或监听用户数据

在云计算环境中通过网络监听、哄骗身份、中间人攻击等手段来获取网络上流动的用户数据。此时，用户数据的机密性遭到破坏。

（3）拒绝服务攻击

拒绝服务攻击是指攻击者利用云计算的超强发送能力向特定服务器或网络的特定部分发送过量通信包，从而使其停止提供正常的服务。云计算模式具备非常强大的网络和服务器资源，并且按需服务的特征又对业务开通和服务变更等环节提出了灵活性的要求，因此云计算服务很容易被滥用。在 2010 年 DEF CON 大会上，大卫·布莱恩（David Bryan）公开演示了如何在亚马逊的云计算服务平台上以 6 美元的成本对目标网站发起"致命的"拒绝服务攻击。在这种威胁下，数据的可用性遭到破坏。

3. 数据丢失与泄露风险

云计算采用大规模数据集中管理方式，但其对数据的安全控制力度并不够，安全机制的缺失以及安全管理的不足都可能引发数据丢失和泄露等问题,无论是国家重要数据还是个人隐私数据,一旦丢失或泄露都将造成非常严重的后果。

4. 数据访问控制风险

数据访问控制风险是指在云计算环境中攻击第三方授权服务器获取数据访问权限,非法访问用户数据,使用户数据遭到泄露的各种威胁。云中存储着海量数据、应用和资源,如果云计算平台没有完善的身份验证机制,入侵者将会非常轻松地获取到用户信息,甚至利用所获得的信息进行非法操作。

①第三方授权服务器遭受攻击。攻击第三方授权服务,如轻型目录访问协议（Lightweight Directory Access Protocol,LDAP）目录服务等,使其产生错误的授权判断,允许未经授权用户访问用户数据,或者对已授权的用户拒绝访问,使授权服务器不能正常工作。

②用户非法操作、滥用权限。授权用户无意或恶意地操作用户数据,滥用权限,增加、查看、修改、删除敏感数据,破坏敏感数据的保密性和完整性。

5. 数据残留风险

数据残留是指数据被删除后的残留形式（逻辑上已被删除,物理上依然存在）。数据残留可能含有敏感信息,所以即便是已删除了数据的存储介质也不应该被释放到不受控制的环境中,如扔到垃圾堆或者交给其他第三方。在云应用中,数据残留有可能导致用户的数据被无意透露给未授权的一方,不管是 SaaS、PaaS 还是 IaaS 都有可能。如果未授权数据泄露发生,用户可以要求第三方或者使用第三方安全工具软件来对云服务商的平台和应用程序进行验证。

6. 数据隔离风险

由于云计算同时为多个用户提供服务,因此不同用户之间的数据应采用有效的隔离或加密措施,以保障用户数据在使用、传输和存储过程中不与其他用户的数据混合,同时防止其他不法分子非法获取他人数据。

7. 数据可用性及恢复风险

由于自然或人为因素造成的数据损坏在所难免,因此,必须保障备份数据的可用性,云计算数据备份和恢复计划必须到位、有效,以规避因数据丢失、意外覆盖或破坏所带来的风险。

8. 虚拟环境风险

①数据中心没有边界安全。由于用户需要直接存取虚拟化资源,传统边界已逐渐模糊,

边界防火墙及入侵检测已不足以保护数据中心的安全。

②多租户环境控管不力造成用户数据泄露。在云计算环境中的服务平台上，用户通过虚拟、租用的模式获取计算资源，而一个物理资源可能运行多个虚拟机，多租户共享这些虚拟资源，云计算平台中的虚拟化软件一旦存在安全漏洞，共享资源的用户的数据就可能被其他虚拟机的用户获取，造成用户数据泄露。

9. 法律制度风险

法律制度风险是指由于各个国家或地区对于信息安全的管理制度不同，不同国家或地区可能对数据安全的管理存在差异，使跨国、跨地区存储的数据安全受到威胁。

①当事国或地区对信息安全管理的制度不完善或存在很大漏洞，会对该国或地区云服务商数据安全管理造成影响，从而影响到用户的数据安全。

②由于云数据的特殊性，往往一个国家或地区用户的数据保存在另外一个国家或地区的云服务器或数据中心上，如果设立云计算服务的国家或地区的信息安全制度与用户国或地区的相关安全制度相违背，往往会影响数据的管理和使用，从而威胁到云上数据的安全。

③若不同国家、地区和组织对云数据制定规则或条款存在着差异，跨国企业在不同国家或地区就会面临不同的数据管理制度，从而使企业对数据管理的成本直线上升并会直接影响数据在跨国、跨地区传输中的安全性和隐私性。

10. 服务商人员风险

对于使用云计算服务的用户，他们往往不知道云服务商和工作人员是如何操作用户数据的访问和管理的，更不知道工作人员的操作是否合理。有些云服务商内部的技术人员由于各种原因对数据进行非法的操作，包括复制、修改、删除等，从而产生数据安全问题。

①云服务商数据安全管理制度的缺失导致数据中心管理员的相关权限过大，当管理员无意操作数据出现失误时，将对重要的数据产生无法挽回的损失。

②有些数据中心管理员缺乏对数据操作的相关培训，对数据安全的意识薄弱，对系统设置的错误配置导致整个系统的安全防范能力出现漏洞使攻击者有机可乘。

③个别云服务商相关技术人员缺乏或违背职业道德，对系统资源进行肆意破坏，盗窃用户数据来达到自己的利益最大化，从而导致相关数据的泄露和破坏。

3.2 云数据安全措施

针对 3.1 节云数据生命周期各个阶段存在的安全风险，本节主要介绍相应的安全措施和技术，包括云数据加密、云数据隔离、云数据备份、云数据删除 4 个方面。

3.2.1 云数据加密

云数据加密是保护云存储数据的安全性和隐私性的重要方法之一，然而在云计算环境中加密技术面临严峻的挑战。用户数据向云中迁移的后果之一是数据外包，即用户的数据不再完全掌握在用户自己手中。因此，尽管数据在存储或传输时可以进行加密，但数据变成密文后丧失了许多其他特性，导致大部分数据分析方法失效。以现有技术水平，在检索、计算等操作中都需要数据以明文方式存在，而数据在云端解密后其安全性又会受到威胁。因此，我们需要找到一种有效的加密方法，即在加密状态下实现对云端数据的检索和计算操作。

1. 数据加密技术

云计算的数据传输服务过程中，云服务商和用户一般都采用数据加密技术来实现数据的安全保密和完整传输。为了防止数据的丢失和泄露，需要对数据在网络传输到云端的过程进行保护和控制。现在，即使云服务商已经对数据加密的环境进行了改进和提升，用户依然应该能够自己对数据进行加密。同时，为了完全确保数据的安全性和完整性，还可以使用第三方技术对服务过程中的数据进行加密处理。

数据加密技术采用一定的规则对传输的数据进行加密，将加密后的数据进行传输，接收端接收到加密的数据后，利用解密规则对接收到的加密数据进行解密操作，得到真实数据。密码学中"加密"的定义是使用特殊的规则对数据进行伪装和隐藏的过程。一般来说，未被加密的数据叫作明文，而加密后的乱序数据称为密文。通过使用加密的相应密钥才能够将密文转换成明文，而解密就是将加密的数据进行还原的操作过程。目前比较典型的数据加密技术有同态加密技术、白盒密码技术。

（1）同态加密技术

使用同态加密技术可以在不知道明文的情况下，对密文直接进行操作，效果就如同先对明文进行操作，然后加密得到结果一样。例如，记加密操作为 Q，明文为 m，加密得 e，解密操作为 D，即 $e=Q(m)$，$m=D(e)$。已知针对明文有操作 f，针对 Q 可构造 F，使得 $F(e)=Q(f(m))$，这样 Q 就是一个针对 f 的同态加密算法。同态加密可以保证云计算的数据安全，即将数据同态加密后存储在云端服务器，可以大大提高数据的安全性。即使这些数据被窃取，如果没有相应用户端的密钥将无法解密数据，因为云端是不知道密钥的。同时，由于同态加密的特性，用户也可以在云端对密文进行操作，从而提高了对传统的加密数据进行操作时的效率。

（2）白盒密码技术

白盒密码技术是一项能够抵抗白盒攻击的密码技术。白盒攻击是指攻击者对设备终端拥有完全的控制能力，能够观测和更改程序运行时的内部数据，这种攻击被称为白盒攻击环境。保护密钥安全是白盒密码技术的一个基本诉求。白盒密码技术从实现方式上可以分为两类：静态白盒和动态白盒。

静态白盒是指密码算法结合特定的密钥经过白盒密码技术处理后形成特定的密码算法库，称为白盒库，白盒库具备特定的密码功能（加密、解密以及加解密），并能在白盒攻击环境下有效保护原有密钥的安全。静态白盒更新密钥，需要重新生成白盒库。

动态白盒是指白盒库生成后不需要再更新，原始密钥经过同样的白盒密码技术转化为白盒密钥。白盒密钥传入相匹配的白盒库可以进行正常的加密或解密。白盒密钥是安全的，攻击者不能通过分析白盒密钥得到任何关于原始密钥的信息。

2. 数据存储加密

用户可以选择将数据加密后再上传至云计算平台，加密密钥由用户自行管理，同时，也可以使用云服务商的密钥管理服务或云服务商提供的硬件加密设备进行数据加密，但此种方式不适用于大规模处理，还需要用户自己实现加解密过程。选择服务端加密时用户需要使用云服务商提供的用户端开发 API。用户有时希望数据在磁盘中保存时加密，在内存中处理时不加密，尽可能不更改已有的应用程序，即实现数据的透明加密。下面将介绍 3 种数据存储加密方式，分别是透明数据加密、用户端加密和云服务端加密。

（1）透明数据加密

透明数据加密可以对数据文件执行实时 I/O 加密和解密，从而实现数据在写入磁盘之前进行加密，从磁盘读入内存时进行解密。透明数据加密不会增加数据文件的大小。开发人员无须更改任何应用程序，即可使用透明数据加密功能。加密密钥由密钥管理服务生成和管理，存储服务不提供加密所需的密钥和证书。用户如果要恢复数据到本地，需要先通过存储服务解密数据。

（2）用户端加密

用户端加密是指将数据上传到云计算平台之前对数据进行加密，密钥有两种选择：使用用户端主密钥和使用云服务商提供的密钥管理服务托管的主密钥。用户端数据加密方式如图 3-2 所示。

①使用用户端主密钥

使用用户端主密钥加密可以实现数据安全传输，主密钥不需要上传到云计算平台，当用户丢失加密密钥后将无法解密用户数据。

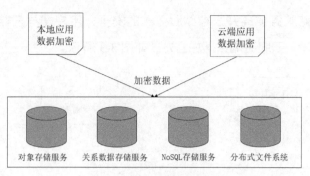

图 3-2　用户端数据加密方式

上传数据的工作过程如下。

* 使用云计算服务的用户端库在本地生成一次性的数据加密密钥（通常为对称加密密钥），使用该密钥加密用户数据。

* 用户端使用主密钥加密数据加密密钥，用户端将加密的数据密钥及其材料说明上传到云端。此后，使用材料说明帮助用户端确定使用的用户端主密钥并进行解密。

* 用户端将加密数据上传到云端。下载数据时，用户端从云端下载加密数据及其元数据。通过使用元数据中的材料说明，用户端首先确定主密钥，然后解密已加密的数据加密密钥，最后使用数据加密密钥解密加密数据。

②使用云服务商托管的用户主密钥

如果由用户提供主密钥，则需要用户具有相应的密钥基础设施并自行管理密钥，这会增加用户负担。用户可以选择使用云服务商提供的密钥托管服务来获得数据加密密钥。在该工作方式下，用户不需要提供任何加密密钥，只需向云计算服务提供用户主密钥标识信息。

这种方式下存储数据的主要工作过程如下。

* 使用用户主密钥标识信息向云计算服务发送密钥分配请求，请求成功后返回数据加密密钥。

* 用户端使用数据加密密钥进行数据加密，并将加密后的数据上传到云计算平台。

* 下载用户数据时，用户端首先从云计算服务的密钥管理服务中获得数据加密密钥，然后使用该密钥解密下载的数据。

（3）云服务端加密

与用户端加密不同，云服务端加密将用户数据以明文形式上传到云服务端，云存储服务保存数据时进行加密，当用户使用数据时，云存储服务自动解密用户数据。为了保证用户数据在进入云存储服务或离开云存储服务时的安全，用户端与云存储服务之间使用 HTTPS 进行数据传输。云服务端数据加密方式如图 3-3 所示。

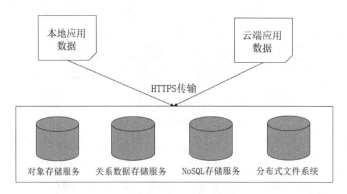

图 3-3　云服务端数据加密方式

云服务端数据加密是一种静态数据加密，根据不同的密钥提供方式可分为 3 种类型。

● 存储服务托管密钥。存储服务管理加密密钥，使用主密钥对数据加密密钥进行加密。为了增加安全性，不同数据块可以使用不同的数据加密密钥，使用多个主密钥轮流加密数据加密密钥。

● 使用云服务商提供的密钥管理服务。该加密方式在简化密钥管理的同时增加密钥管理安全性，还可以对密钥的使用进行审核跟踪。

● 用户提供密钥。用户提供密钥，云存储服务负责数据的加密与解密。用户在请求数据存储时提供加密密钥，存储服务在存储数据时进行加密。当用户读取数据时，存储服务自行进行解密。

3．数据传输加密

对于数据的交换、转移与分享，主流云计算解决方案对标准的加密传输协议提供了支持，以满足云计算平台与外界及系统间传输敏感数据的需求。为了保证数据传输安全，可以使用 HTTPS 进行数据传输。HTTPS 可以认为是 HTTP 和传输层安全（Transport Layer Security，TLS）协议的结合。TLS 协议是传输层加密协议，它的前身是 SSL 协议，最早由 Netscape 公司于 1995 年发布，1999 年经过因特网工程任务组（Internet Engineering Task Force，IETF）讨论和规范后改名为 TLS。本书提到的 TLS 和 SSL 是同一个协议。图 3-4 展示了 TLS 协议的组成部分。

TLS 协议由 5 个部分组成，分别是心跳协议、加密消息确认协议、报警协议、握手协议、应用协议。TLS 协议本身是由记录协议传输的，记录协议的格式包括内容类型、版本、长度、协议消息、MAC（可选）和填充（密码块链接）。目前，常用的 TLS 协议有两个版本：TLS 1.2、TLS 1.1。

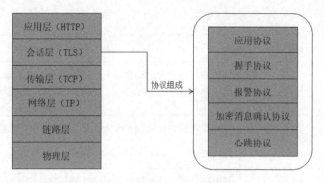

图3-4　TLS协议的组成部分

3.2.2　云数据隔离

目前云计算的资源和数据基本上都配置在数据中心中，其特点是数据的集中化。为了使不同用户、不同类型、不同用途的数据调用和处理更加高效化、安全化，并降低数据间的相互干扰，一般采用数据隔离方法来管理数据。同时数据隔离方法也能从技术层面来对基础设施，如服务器、网络设备、电源、数据盘柜，进行隔离管理以降低数据被攻击的概率。

在云计算环境中，大量用户的敏感数据可能存储在同一云服务器上，如果没有有效的数据隔离机制，其他用户或恶意的攻击者就能够轻易地获取用户的敏感数据，甚至对数据进行修改、删除等操作。因此，建立有效的数据隔离机制，是保障云数据安全的重要措施之一。为了建立有效的数据隔离机制，我们需要先了解数据的一些重要属性，比如数据的拥有者、数据类别、数据敏感度等，然后根据数据的这些属性制定访问策略，防止非授权用户查看、获取、处理其他用户的数据。本小节主要从 3 个方面建立数据隔离机制，即数据分级、数据访问控制和数据权限管理。

1．数据分级

数据分级即根据数据的价值、法律法规要求及数据对个人、企业、国家等的敏感程度和重要程度，将数据划分为不同的安全等级，以便于制定不同的数据存储及访问策略。因此，数据分级是实现数据隔离和数据保护的重要保障。

根据 GB/T 20271-2006《信息安全技术　信息系统通用安全技术要求》中的相关内容，可将信息系统中所存储、传输和处理的数据信息分为 5 类，如表 3-1 所示。

表 3-1　云数据分级标准

数据信息类别	安全保护等级	分级标准
第一类	第一级	受到破坏后，会对公民、法人和其他组织的权益有一定影响，但不危害国家安全、社会秩序、经济建设和公共利益

数据信息类别	安全保护等级	分级标准
第二类	第二级	受到破坏后，会对国家安全、社会秩序、经济建设和公共利益造成一定损害
第三类	第三级	受到破坏后，会对国家安全、社会秩序、经济建设和公共利益造成较大损害
第四类	第四级	受到破坏后，会对国家安全、社会秩序、经济建设和公共利益造成严重损害
第五类	第五级	受到破坏后，会对国家安全、社会秩序、经济建设和公共利益造成特别严重损害

对特定的云用户而言，其拥有的全部数据在敏感程度和重要程度上也有所差异。按照敏感程度由高到低排序，可分为 5 个等级，分别是绝密、机密、保密、内部、公开。然而，不同的政府机构、企业等对数据分级的标准可能各不相同。

数据分级一般是在数据生成阶段由云用户确定，并添加到数据的属性信息中的。云用户需要严格按照国家标准和自身所在机构的相关规定，并结合自身的需求对数据进行安全分级。云服务商需要在接收到用户的数据后，根据属性信息确定数据的安全级别，并严格按照相应的标准、规定及服务等级协议中的相关要求对数据进行相应保护。

2. 数据访问控制

由于各种不同的敏感数据被存储在云端，云服务商需要对数据的安全性、可靠性负责。如何在动态的环境中管理访问权限，如何实现细粒度的数据访问控制，并且使密钥管理和数据加密不过于复杂，都是严峻的技术挑战。

云计算环境中数据最终都是以文件的形式存储的，而文件系统的访问控制已经成为一个安全问题。访问控制模型主要有自主访问控制、强制访问控制和基于角色的访问控制。云计算环境中的文件系统主要采用了基于角色的访问控制模型。为了保证文件、对象、数据块的安全，可以把每个文件分为多个数据块；对每个数据块进行冗余计算，再切分为多个片段；将每个片段分散到不同的存储节点上，仅获取部分片段无法还原出整个文件的内容。数据块采用树形结构来组织，每棵树有一个根节点，数据的保护期限和根节点相关联，保护期限作用于从根节点开始的所有数据块，保护期限只能延长不能缩短。每个用户拥有唯一的 ID 和密钥，并只能使用分配给该用户的数据块地址。用户密钥可用于对数据块地址进行加密，从而保证只有该用户才能使用数据地址，访问数据块里存储的数据内容。当用户被删除时，用户对数据块的访问权被废弃，用户的所有数据块地址都不能被使用。

3. 数据权限管理

数据权限管理对云数据的安全起着非常重要的作用。权限管理是企业应用系统中重要的组成部分,权限管理的技术和策略对系统的信息安全影响很大。数据权限管理属于权限管理的重要组成部分,是影响云计算环境中数据安全的重要因素。目前一些研究学者针对传统的基于角色的权限控制模型存在的数据权限管理方面的不足,设计了新的数据权限模型,满足了数据权限和功能权限双重控制的需求,降低了权限管理和维护的复杂性,保证了数据的安全。

处理数据的使用权限包括以下几个方面:①从个人和数据来说,建立数据的人对该数据有修改、删除和查看权限,其他人则对该数据有查看权限;②这些数据的使用权限是由系统用户当前的角色决定的;③这些数据的使用权限要根据当前使用人所在的部门来决定。

3.2.3 云数据备份

数据丢失会对用户业务造成巨大影响,而在云计算环境中,用户数据都存放在云端,这就使用户对数据安全产生了忧虑。本小节主要介绍数据备份的相关技术,以更好地应对数据丢失带来的安全挑战。

数据是企业非常宝贵的资产,是企业生存的基础,也是企业核心竞争力的重要组成部分。企业数据一旦丢失,其后果可能是灾难性的,甚至会引发社会性问题。因此,通过数据备份和容灾技术保证云数据的安全至关重要。

我国的国家标准 GB/T 20988-2007《信息安全技术 信息系统灾难恢复规范》规定了容灾备份的具体要求,数据备份的重要指标如下。

• 恢复时间目标(Recovery Time Objective,RTO):指信息系统从灾难状态恢复到可运行状态所需要的时间,用来衡量容灾系统的业务恢复能力。

• 恢复点目标(Recovery Point Objective,RPO):指业务系统从灾难状态必须恢复到的时间点要求,用来衡量容灾系统的数据冗余备份能力。

• 网络恢复时间目标(Network Recovery Objective,NRO):指在灾难发生后网络恢复或切换到容灾备份中心的时间,通常网络要先于应用恢复才有意义,但应用恢复后才能提供业务访问。

根据数据备份参数和应用场合的不同,数据备份可分为 4 种类型。

1. 本地备份

本地备份只在本地进行数据备份,并且被备份的数据只保存在本地,没有存储在异地，容灾恢复能力差。

2. 异地热备

异地热备是指在异地建立一个热备份点，通过网络进行数据备份，即通过网络以同步或异步方式，把主站点的数据备份到备份站点。备份站点一般只备份数据，不承担业务。当出现灾难时，备份站点接替主站点的业务，从而维护业务运行的连续性。

这种异地远程数据容灾方案的容灾地点通常要选择在距离本地不小于 20km 的范围，采用与本地磁盘阵列相同的配置，通过光纤以双冗余方式接入存储局域网（Storage Area Network，SAN），实现本地关键应用数据的实时同步复制。当本地数据及整个应用系统出现灾难时，系统至少在异地保存一份可用的关键业务的镜像数据。该数据是本地生产数据的完全实时备份。

对企业网来说，建立的数据容灾系统由主数据中心和备份数据中心组成。其中，主数据中心采用高可靠性集群解决方案设计，备份数据中心与主数据中心通过光纤相连接。主数据中心系统配置的主机包括两台或多台服务器及其他相关服务器，通过安装高可用性（High Availability，HA）软件组成高可用环境。数据存储在主数据中心磁盘阵列中。同时，在异地备份数据中心要配置相同结构的存储磁盘阵列和一台或多台备份服务器。通过专用的灾难恢复软件可以自动实现主数据中心存储数据与备份数据中心数据的实时完全备份。在主数据中心，按照用户要求，还可以配置备份服务器，用来安装备份软件和数据库。两个数据中心利用光传输设备通过光纤组成光自愈环，可提供总共高达 80GB（保护）和 160GB（非保护）的通信带宽。

3. 异地互备

异地互备方案与异地热备方案类似，不同的是主数据中心和备份数据中心不是固定的，而是互为对方的备份系统。这两个数据中心系统分别建立在相隔较远的地方，它们都处于工作状态，并进行相互数据备份。当某个数据中心发生灾难时，另一个数据中心能够接替其工作。通常在这两个系统的光纤设备连接中还提供冗余通道，以备工作通道出现故障时及时接替。目前主要是一些大型企业采取这种容灾方式。

4. 云备份

基于云的一种容灾备份方式是采用"两朵云"设计，即主数据中心部署的生产云为用户提供业务系统平台；容灾中心部署一套独立的容灾云，为生产云提供数据级容灾保护。当生产中心发生灾难时，可将整套云计算平台及相关的业务系统全部切换到容灾中心的容灾云中，继续提供服务。

3.2.4 云数据删除

为了保障云数据的安全，维护云数据在生命周期中各个阶段的安全，需要采取全面有效的措施。数据删除作为数据生命周期的最后一个阶段，面临着删除后可能被重新恢复，或云端原始数据及其所有备份没有被云服务商彻底删除等安全风险，这些情况都会导致数据残留问题，从而引起敏感信息泄露等问题。为了保障数据的机密性，必须制定切实有效的数据删除措施，通过技术手段解决数据残留问题。

删除云端数据时，需要根据数据的敏感度等级确定删除策略，对敏感度等级比较高的数据进行彻底删除，即在重用存储设备前销毁设备中的数据，包括所有内存、缓冲区、硬盘等可重用的存储设备，从而有效阻止原有存储数据的访问。如果数据敏感度等级不高，可采用非彻底删除方式删除设备中的数据。当数据需要恢复时，可通过技术手段恢复数据。

根据《涉及国家秘密的载体销毁与信息消除安全保密要求》（BMB21-2007）标准，该标准规定了涉密载体销毁和信息消除的等级、实施方法、技术指标及相应的安全保密管理要求。因此，云服务商删除涉密云数据时，必须参照标准及用户需求，采取合理措施，有效防范数据删除之后的安全风险。

1. 数据销毁技术

数据销毁即彻底删除数据，要确保数据删除后不能再被重新恢复。若云服务商是完全可信的，则当云用户需要删除敏感度较高的数据时，云服务商需要采用适当的数据销毁技术来彻底删除数据。数据销毁分为软销毁和硬销毁两种方式。

软销毁又称为逻辑销毁，指通过数据覆盖等软件方法销毁数据。软销毁通常采用数据覆写法，即把非保密数据写入以前存有敏感数据的硬盘，以达到销毁敏感数据的目的。由于硬盘上的数据都是以二进制的"0"和"1"形式存储的，如果使用预先设定的无意义、无规律的信息反复多次覆盖硬盘上原来存储的数据，就无法获知相应的位置的值是"1"还是"0"，因此无法获知原来的数据信息，这就是数据软销毁的原理。根据数据覆写时的具体顺序，数据软销毁技术分为逐位覆写、跳位覆写、随机覆写等模式，可综合考虑数据销毁时间、被销毁数据的敏感度等级等不同因素，组合使用这几种模式。使用数据覆写法进行处理后的存储介质可以循环使用，因此该方法适用于对敏感度等级不是特别高的数据进行销毁。当需要对某一个文件进行销毁而不能破坏在同一个存储介质上的其他文件时，这种方法非常可取。

数据硬销毁是指采用物理破坏或化学腐蚀的方法把记录高度敏感数据的物理载体完全破坏，从而从根本上解决数据泄露问题。数据硬销毁可分为物理销毁和化学销毁两种方式。物理销毁有消磁、熔炉中焚化、熔炼、借助外力粉碎、研磨磁盘表面等几种方法。消磁是指磁介质被擦除，消磁之后磁盘就失去了数据记录功能。如果整个硬盘上的数据需要不加选择地全部销毁，那么消磁是一种有效的方法。但一些经消磁后仍达不到保密要求的磁盘或已损坏需要废弃的涉密磁盘，以及曾记载过绝密信息的硬盘，就必须被送到专门机构进行焚烧、熔炼或粉碎处理。物理销毁方法费时、费力，一般只适用于保密要求较高的数据。化学销毁是指采用化学药品腐蚀、溶解、活化、剥离磁盘，该方式只能由专业人员在通风良好的环境中进行。

2. 安全删除技术

如果云服务商不可信，那它可能会违规地保存用户要求删除的数据副本，从而在用户不知情的情况下获取用户的隐私信息。针对该问题，可以使用安全删除技术来保障被删除数据的敏感信息不被不可信的云服务商所获取。目前，实现数据安全删除的技术主要分为两大类，即安全覆盖技术和密码学保护技术。

（1）安全覆盖技术

安全覆盖技术是指在删除数据时首先对数据本身进行破坏，即使用新数据对旧数据进行覆盖，以达到原数据不可恢复的目的。因此，即使云服务商保留了该数据的某些备份并通过某些手段获得密钥来解密，但最终看到的内容也是毫无意义的。

安全覆盖技术要想达到高安全性是有前提的，即云服务商必须向用户提供关于用户的云数据及所有备份存储在哪些存储服务器上的真实信息。如果云服务商存储了用户所不知道的备份，并且不对这些备份执行相应的更新操作，最终还是无法达到安全删除的目的。所以在云服务商完全不可信时，该技术是不能保证高安全性的。

（2）密码学保护技术

密码学保护技术的核心思想是对上传到云存储中的数据进行多次加密，并由一个或多个密钥管理者来管理密钥。当数据需要删除时，密钥管理者删除该数据对应的解密密钥，因此即使云服务商保留了该文件的某些备份信息也无法解密该文件。和安全覆盖技术相比，密码学保护技术能够在云服务商完全不可信的情况下保证对数据的安全删除，安全性更高。

3. 剩余信息保护

随着信息化的推进，信息系统的安全问题成为世界各国都十分关心的问题。我国推出了 GB/T 22239-2008《信息安全技术 信息系统安全等级保护基本要求》对信息系统进行保护。其中，对剩余信息保护内容的要求主要包括如下 4 个方面。

①应确保动态分配与管理的资源，在保持信息安全的情况下被再利用，主要包括：确

保非授权用户不能查找在使用后返还系统的记录介质中的信息内容；确保非授权用户不能查找系统现已分配给他的记录介质中以前的信息内容。

②存储器保护，主要包括对存储单元的地址的保护，使非法用户不能访问那些受到保护的存储单元；对被保护的存储单元的操作提供各种类型的保护。最基本的保护类型是"读/写"和"只读"。不能读/写的存储单元，若被用户读/写，系统应及时发出警报或中断程序执行；可采用逻辑隔离的方法进行存储器保护，具体有界限地址寄存器保护法、内存标志法、锁保护法和特征位保护法等。

③在单用户系统中，存储器保护应防止用户进程影响系统的运行。

④在多用户系统中，存储器保护应保证系统内各个用户之间互不干扰。

3.3 云数据安全实践

本节将从云数据安全生命周期角度出发，以天池云安全管理平台为依托，深入剖析天池云数据安全保护体系的构建原理，并重点阐述天池云安全管理平台所采取的安全措施，主要包括天池云数据库审计系统与天池云日志审计系统的体系结构、主要功能及技术措施。

3.3.1 天池云数据安全保护体系

天池云安全管理平台的云上数据安全保护体系从数据安全生命周期角度出发，采取管理和技术两方面的手段，进行全面、系统的建设。对数据安全生命周期的各环节进行数据安全管理、管控，实现数据安全目标，主要包括数据创建、数据存储、数据使用、数据共享、数据归档、数据销毁。在数据安全生命周期的每一个阶段，都有相应的安全管理制度以及安全技术保障。

1. 数据创建安全

数据创建安全指的是在数据生成的源头就保障数据的识别和分类、分级在第一时间能够完成，这样才能保证后续对云上数据的保护做到有的放矢。良好的数据分类、分级能够保障后续的安全保护准确性和效率。其中，第一步是对数据中的敏感信息（如个人验证信息）进行发现和检测。第二步是针对数据中的敏感信息，根据用户的使用场景、合规需求和安全要求，对数据进行分类、分级，从而起到对数据进行针对性保护的作用。

天池云安全管理平台支持对云上或云下的数据进行识别和分类。对于云上数据，经云上用户授权通过后，平台自动扫描和发现授权范围内的新增实例/库/表/列、对象存储文件桶/文件对象等不同级别数据信息。通过关键字、规则、机器学习模型算法，平台精准识别云环境内的敏感数据，并支持根据用户自身业务规则进行敏感数据自定义。最后，天池云安全管理平台根据敏感数据识别结果，可实现云上数据基于业务内容的分类以及基于敏感程度的分级，以供后续根据敏感分类、分级结果在云上系统中对用户数据实施相关的保护机制。

2. 数据存储安全

数据存储安全主要是通过数据隔离和访问控制等方式来保障的。天池云安全管理平台不同的数据存储空间对应不同的云安全租户，每个租户拥有自己的数据存储空间；此外，数据存储可以设置读/写访问权限，保证存储数据安全。

（1）租户隔离

在云环境下，所有资源虚拟化，云安全产品大部分以虚拟机的形式部署在云计算平台上，而不同云租户对安全资源的需求各不相同，如何针对不同用户需求给予个性化的安全服务保障成为云上安全管理的难题。天池云安全管理平台为用户提供租户管理员视角，实现了租户间的安全隔离，即租户与租户之间的安全数据完全隔离。租户可以通过管理平台管理自己所拥有的多款安全产品，实现安全产品统一认证、策略统一下发、业务安全数据统一监控。

（2）数据权限管理

为确保云数据使用安全、可控，需要对云计算平台上存储的数据制定数据权限管理策略。天池云安全管理平台通过设置云数据的读写权限，保证存储数据的安全。

3. 数据使用安全

数据使用安全主要体现在数据在使用中需要进行有效的隔离保护。隔离可以通过用户使用运行时态的加密计算环境实现；可以通过各个产品中的权限管控等隔离手段实现；也可以通过在数据分类、分级基础上对数据脱敏，使未授权用户不得获取相关敏感信息来实现。在真实场景中，往往需要通过多维度的产品功能配合来满足用户的数据隔离保护需求。

4. 数据共享安全

数据共享安全主要通过数据加密、防火墙、SSL 证书服务等方式实现。其中，数据加密是指云产品为用户访问数据提供了 SSL/TLS 协议来保证数据共享的安全。例如，用户通过使用 HTTPS 进行数据传输。天池云安全管理平台为用户提供了支持 HTTPS 的 API 访问点，并提供高达 256 位密钥的数据加密强度，满足敏感数据加密的需求。

此外，SSL 证书服务可以在云上签发第三方证书颁发机构（Certification Authority，

CA）的 SSL 证书，帮助用户在其网站上使用 HTTPS，使网站可信、防劫持、防篡改、防监听。证书服务对云上证书进行统一生命周期管理，简化证书部署，支持一键分发到各个云产品，满足用户在数据共享过程中的证书管理需求。

5. 数据归档安全

数据归档服务为用户导入后的数据提供冗余备份措施。天池云安全管理平台上的数据采用分布式存储技术，实现数据多副本存储，保证数据安全。平台会对用户上传的数据保存 3 份副本，同时为了保证数据完整、可靠，数据库使用常规的自动备份来保证数据的可恢复性。

天池云按照网络安全等级保护制度，不断提升云计算服务的主动防御、动态防御、整体防控和精准防护能力，并推出了一系列合规解决方案，为用户数据安全提供有力的保障。

6. 数据销毁安全

（1）物理销毁

天池云建立了对设备全生命周期（包含接收、保存、安置、维护、转移以及重用或报废）的安全管理。对设备的访问控制和运行状况监控有严格管理，并定期进行设备维护和盘点。天池云建立了废弃介质上数据的安全擦除流程，在处置数据资产前，检查含有敏感数据和正版授权软件的介质是否已被覆写、消磁或折弯等数据清除处理，且不能被取证工具恢复。当因业务或法律原因不再需要某些硬复制材料时，将其物理破坏，或取得数据处理第三方的损坏证明，以确保数据无法重建。

（2）数据清零

作为存储虚拟化的延伸，云用户实例服务器释放后，其原有的磁盘和内存空间将会被可靠地进行数字清零，以保障用户数据安全。

（3）终止服务后清除

天池云在终止为云计算服务用户提供服务时，会及时删除云计算服务用户数据资产或根据相关协议要求返还其数据资产。

3.3.2 天池云数据库审计安全

天池云数据库审计与风险控制系统（DBAuditor）是一个专业的数据库协议解析系统，能够对进出核心数据库的访问流量进行数据报文字段级的解析操作，其体系结构如图 3-5 所示。它可对数据库 SQL 注入、风险操作等行为进行记录与告警。DBAuditor 支持目前市场上绝大部分的数据库，如 Oracle、MS SQL Server、DB2、Sybase、MySQL、Informix 等，并将数据库监控、审计技术与公有云环境相结合，为云端数据库提供安全诊断、维护、管理能力。云数据库审计服务符合等级保护三级标准，帮助用户满足合规性要求。目前它已广泛应用于金融、政府、能源、电信、公安、军工、医疗、教育、税务、工商、社保等领域。

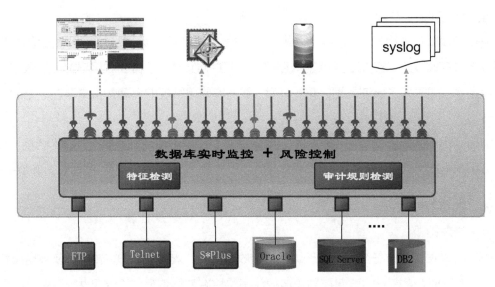

图 3-5　DBAuditor 体系结构

DBAuditor 的主要功能包括事前安全风险评估、实时行为监控、细粒度协议解析与双向审计、Web 业务审计、应用三层关联审计、多维度告警机制、精细化报表等。

1. 事前安全风险评估

DBAuditor 依托权威的数据库安全规则库，自动完成对几百种不当的数据库配置、潜在弱点、数据库用户弱口令、数据库软件补丁等漏洞的检测，具体包括以下几方面行为检测。

（1）风险趋势管理：通过基线创建生成数据库结构的指纹文件，通过基线扫描发现数据库结构的变化，从而实现基于基线的风险趋势分析。

（2）弱点检测与弱点分析：根据内置自动更新的弱点规则完成对数据库配置信息的安全检测及数据库对象的安全检测。

（3）弱口令检测：依据内嵌的弱口令字典完成对口令强弱的检测。

（4）补丁检测：根据补丁信息库及被扫描数据库的当前配置，完成补丁安装检测。

（5）存储过程检测：根据内嵌的安全规则，对存储过程进行安全检测，如是否存在SQL 注入漏洞。

2. 实时行为监控

DBAuditor 可保护业界主流的数据库系统，防止其受到特权滥用、已知漏洞攻击、人为失误等的侵害。当用户与数据库进行交互时，DBAuditor 会自动根据预设置的风险控制策略，结合对数据库活动的实时监控信息，进行特征检测及审计规则检测，任何攻击或违反审计规则的操作都会被检测到并被实时阻断或告警。

3. 细粒度协议解析与双向审计

系统通过对双向数据包的解析、识别及还原，不仅对数据库操作请求进行实时审计，而且可对数据库系统返回结果进行完整的还原和审计，包括数据库命令执行时长、执行的结果集等内容。在审计记录列表详细信息中能够看到格式化的操作结果，这更有利于事后的取证和追溯。

4. Web 业务审计

用户只需要将 Web 服务器的流量镜像到 DBAuditor，就能够对所有基于 Web 的应用的访问行为进行解析、还原，形成数据库审计和 Web 审计的双重审计模式。

DBAuditor 能够提取出 URL、Post/Get 值、Cookie、操作系统类型、浏览器类型、原始用户端 IP 地址、MAC 地址、提交参数、返回码等字段，并形成详尽的 Web 审计记录。

5. 应用三层关联审计

DBAuditor 能够对 Web 审计记录与数据库审计记录进行关联，并直接追溯到应用层的原始访问者及请求信息（如操作发生的 URL、用户端的 IP 地址等信息），从而实现将威胁来源定位到最前端的终端用户的三层审计的效果。通过三层审计能更精确地定位事件发生前后所有层面的访问及操作请求，如图 3-6 所示。

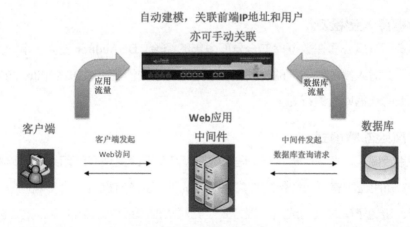

图 3-6　三层审计部署

6. 多维度告警机制

在访问或会话触发了威胁规则的情况下，DBAuditor 会立即进行多种形式的告警，包括手机短信、邮件、屏幕上的信息等，还能够以 syslog、SNMP 等发送到天池云日志审计平台或其他相应的网管中心平台进行集中监测和网络整体关联监测。同时，对于异常操作，可以通过 IP 地址、用户、数据库用户端工具、时间、敏感对象、返回行数、系统对象、高危操作等多种元素细粒度定义要求监控的风险访问行为进行风险监控。

7．精细化报表

DBAuditor 系统自带了按安全经验、行业需求分类的 30 种以上的报表类型，能够从数据库访问模型、源、行为、时间、风险告警等各种角度满足用户的报表需求。针对各种异常行为的精细化报表包含如下几种类型。

（1）会话行为：提供登录失败报表、会话分析报表。

（2）SQL 行为：提供新型 SQL 报表、SQL 语句执行历史报表、失败 SQL 报表。

（3）风险行为：提供告警报表、通知报表、SQL 注入报表、批量数据访问行为报表。

（4）政策性报表：提供塞班斯报表。

DBAuditor 遵循以"防"为主的安全理念，采用旁路部署与分布式部署的双重部署模式，通过六重可用性保护全方位确保设备本身的高可用性，满足高效率、高可靠、高可用的需求。该系统的技术特点体现在如下几个方面。

1．细粒度审计规则

DBAuditor 提供细粒度的审计规则，如精细到表、字段、具体报文内容的细粒度审计规则，实现对敏感信息的精细监控；基于 IP 地址、MAC 地址和端口号的审计；提供可定义作用数量的动作门限、可设定关联表数目的动作门限，根据 SQL 执行时间长短、SQL执行回应以及具体报文内容等设定规则。

2．数据库入侵检测

依托于安恒信息公司在数据库安全方面多年的经验，DBAuditor 提供了审计类设备所不具有的专门针对入侵威胁特征的规则库，在无须配置的情况下，DBAuditor 能够分辨出大部分的典型的数据库入侵行为。

3．零风险部署模式

采用旁路镜像、分光、分流等方式进行部署，可在不改变现有的网络体系结构的情况下快速上线，即使在所有可用性保障均失效的情况下，设备宕机也不会影响业务系统和数据库的运行，避免了串联入网或用户端方式监测对数据库系统造成的干扰和性能损耗。

4．高处理性能

DBAuditor 采用领先的多核、多线程负载均衡技术，能够将需要应用层处理的流量按照比例分配到不同的 CPU 上，最大程度做到了多核间的并行处理，大幅提升了设备的应用层处理性能。采用业界数据库协议解析技术，在数据库访问亿次级别的大型系统中，能够提供 99.7%的准确率。

5. 审计日志的高可靠性

DBAuditor 在自身存储审计日志和备份的基础上，还提供了向远端文件服务器进行冗余备份的功能，用户可以设定冗余备份的时间段和备份日志类型，避免了设备故障造成的数据丢失损失，这就充分保障了用户审计数据的安全性和高可用性。

6. 一键式故障排查工具

DBAuditor 设计了自带的一键式故障排查工具，用户无须使用额外的工具即可发现审计设备的端口状态监听、镜像数据流量监控、设备服务状态检查、授权许可查看、前台系统配置等各种实时状态，并智能地报告系统出现的各种故障或问题，同时给出相关解决方案。

7. 六重可用性保护

DBAuditor 全方位确保设备本身的高可用性，保护用户的基本投资，包括但不限于：物理保护、掉电保护、系统故障保护、不间断的管理保护、不丢包、冗余部署。

3.3.3　天池云日志审计安全

天池云安全管理平台为用户提供了综合日志审计能力，对用户的各类日志进行综合审计分析，以图表形式展现在线服务的业务访问情况。通过对访问记录的深度分析，发掘出潜在的威胁，起到追根溯源的作用，并且记录服务器返回的内容，便于取证式分析，也可将其作为案件的取证材料。天池云日志审计平台旨在实现网络资产安全状况的统一管理，使企业的利益受损风险降低，广泛适用于政府、金融、电信、公安、电力能源、税务、工商、社保、交通、卫生、教育、电子商务等领域。

天池云日志审计系统作为信息系统的综合性管理系统，通过对用户网络设备、安全设备、主机和应用系统日志进行全面的标准化处理，及时发现各种安全威胁、异常行为事件，为管理人员提供全局的视角，确保用户业务的不间断运营安全。天池云日志审计系统通过基于国际标准化的关联分析引擎，为用户提供全维度、跨设备、细粒度的关联分析；透过事件的表象真实地还原事件背后的信息，为用户提供真正可信赖的事件追责依据和业务运行的深度安全。它同时提供集中化的统一管理系统，将所有的日志信息收集到系统中，实现信息资产的统一管理、监控资产的运行状况，协助用户全面审计信息系统整体安全状况。天池云日志审计系统的体系结构如图 3-7 所示。

天池云日志审计系统采取分布式设计模式，将系统分为采集器、通信服务器、关联分析引擎和管理中心 4 个部分。4 个部分可以分布式部署，也可以组合部署，最大程度地兼顾了系统的可扩展性和灵活性。另外系统基于 HTTPS 的通信模式，使跨互联网部署成为可能，异地监控不再需要昂贵的专线私网模式。系统可以适用于从大型电信级网络环境到寥寥数台设备的中小企业。

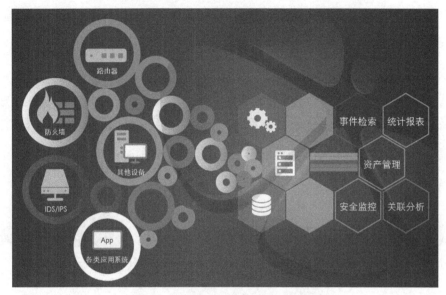

图 3-7　天池云日志审计系统的体系结构

　　天池云日志审计系统的主要功能包括日志采集、日志标准化、日志解析、关联分析、安全监控、报表统计、系统维护配置、内容策略配置等。

1.　日志采集
　　天池云日志审计系统对不同日志源（主机系统、网络设备、安全设备、应用中间件、数据库等）所产生的日志进行收集，实现日志的集中管理和存储。支持解析任意格式、任意来源的日志，通过解析规则标准化，使用无代理或有代理的方式收集日志。

2.　日志标准化
　　在日志标准化方面，主要包括各种安全事件（攻击、入侵、异常等）日志、各种行为事件（内控、违规等）日志、各种弱点扫描（弱点、漏洞等）日志、各种状态监控（可用性、性能、状态等）日志、安全视角的事件描述（事件目标对象归类、事件行为归类、事件特征归类、事件结果归类、攻击分类、检测设备归类等）。

3.　日志解析
　　日志解析支持未识别日志水印处理。当接收到对应的日志后，解析规则被激活，并采用多级解析功能和动态规划算法，实现灵活的未解析日志事件处理，同时支持多种解析方法（如正则表达式、分隔符、MIB 信息映射配置等）。日志解析性能与接入的日志设备数量无关。

4. 关联分析

天池云日志审计系统预置多种事件关联规则，定位外部威胁、黑客攻击、内部违规等操作，定位设备异常，可简单灵活定义关联规则。天池云日志审计系统的关联引擎采取了 In-Memory 的设计，全内存运算方式保证了事件分析的高效性和实时性，在分析速度、分析维度、灵活性、I/O 抗压性方面有无可比拟的优势。

5. 安全监控

天池云日志审计系统通过邮件、短信、声音对发生的告警进行及时通知，并可通过接口调用自动运行程序或脚本；通过告警策略，对各类风险和事件进行及时告警或预警，提升运维效率。

6. 报表统计

天池云日志审计系统深入分析原始日志事件，快速定位问题的根本原因，生成取证报表，如攻击威胁报表、Windows/Linux 操作系统审计、PCI、SOX 法案、ISO/IEC 27001 等合规性审计报表。同时，支持创建自定义合规性报表。

7. 系统维护配置

天池云日志审计系统具有对自身的维护配置功能，如系统参数设置、系统日志管理等。硬件系统采用模块结构，保证系统内存、CPU 及存储容量的扩展。硬件配置的升级不会引起软件的修改和开发。每个组件都可以横向扩展，通过增加设备满足业务需求。

8. 内容策略配置

天池云日志审计系统采用了安全策略与基础系统分离的设计架构，将事件格式分析规则、关联分析规则、报警规则、综合报表规则等策略内容独立出来，变成可以独立演进、独立配置、独立升级的内容（称为 Content），具有较高的反馈速度和较强的适应性。

本章小结

本章从云数据安全目标出发，以云数据安全生命周期 6 个阶段为基础，重点分析了各个阶段存在的风险与挑战。针对云数据存在的安全风险，引出了云数据安全措施，主要从多个关键技术角度详细阐述，包括云数据加密、云数据隔离、云数据备份、云数据删除方面的技术与实现。最后，以天池云计算平台为依托，讲解了天池云数据安全保护体系的构建原理，并重点分析了天池云数据库审计系统与天池云日志审计系统的体系结构、主要功能及特点。

课后思考

1. 请简述云数据安全生命周期。
2. 请简述云数据面临的安全风险。
3. 请简述云数据加密技术。
4. 请简述云数据备份技术。

04
chapter

云应用安全

学习目标
1. 了解云应用安全的特点、发展趋势
2. 理解云应用面临的安全风险
3. 掌握云应用安全措施中的入侵检测技术
4. 掌握云应用安全措施中的 Web 防火墙技术
5. 掌握天池云应用的安全原理与相关应用

随着云计算的快速发展，各种云应用被广泛使用，并且以惊人的速度不断增长。同时，基于云的应用可以通过互联网访问，任何人在任何地方都可以获取所需的服务，如网络购物、社交网络、电子邮件、搜索引擎等。然而，当前的云应用存在着各种各样的安全风险。因此，使用安全技术手段有效保障云应用的安全性和可靠性是云计算发展的必要前提。我们可以通过对云应用安全问题进行探索，采用云应用安全新技术等方式提高云应用的安全性，促进云应用的真正落地。本章主要从云应用安全概述、云应用安全措施和云应用安全实践三大方面进行介绍，首先引入云应用的概念，并简述云应用安全的特点和发展趋势；接着重点阐述云应用存在的安全风险及挑战，并详细分析云应用安全的关键技术及措施；最后详细阐述使用天池云安全管理平台提供的云应用安全产品保障安全的原理及相关应用。

4.1 云应用安全概述

在云计算环境中，应用和操作均基于开放的网络，有别于传统网络，其整个架构面临更多的威胁及更大的风险。从云计算应用的服务对象来看，主要涉及公有云应用安全、私有云应用安全及混合云应用安全；从服务层次来看，主要涉及终端用户云应用安全和云端的安全，包括 IaaS 安全、PaaS 安全、SaaS 安全和虚拟化安全等。云计算应用安全是云计算各类应用健康和可持续发展的基础和催化剂，解决云应用安全问题已变得尤为重要。

4.1.1 云应用概述

云应用是完成业务逻辑或运算任务的一种新型应用，是云计算技术在应用层的体现，其工作原理是把传统软件的"本地安装、本地运算"的使用方式变为"即取即用"的使用方式，它可通过互联网或局域网连接来操控远程服务器集群，如图 4-1 所示。

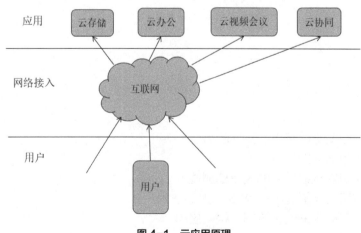

图 4-1　云应用原理

云应用的主要载体为互联网技术，使用"瘦客户端"或"智能客户端"作为展现形式。云应用继承了云计算的所有特点，包括灵活性、可扩展性、按需自助服务，同时具有跨平台性、易用性和轻量级等特点。下面详细介绍云应用的三大特点。

（1）跨平台性

大部分的传统软件只能运行在单一的系统环境中，比如一些应用只能安装在 Windows XP 中，而对 Windows 7、Windows 10、macOS 或 Linux 操作系统以及当前流行的 Android、iOS 等智能设备操作系统却无法兼容。在当今"智能操作系统"兴起、传统 PC 操作系统早已不是 Windows XP"一统天下"的情况下，云应用的跨平台性的优势更加突出，其不仅可以帮助用户节约成本，还可以极大地提高工作效率。

（2）易用性

复杂的设置可能是传统软件的特色之一，越强大的应用软件其设置可能越复杂。然而，云应用不但完全有能力实现不输于传统软件的强大功能，而且能把复杂的设置变得简单化。云应用不需要用户像使用传统软件一样，要经过下载、安装等复杂部署流程，可借助于远程服务器集群时刻同步的"云"特性，免去用户无休止的软件更新之苦。如果云应用有任何更新，用户只需简单地操作（如刷新网页），便可完成应用升级。

（3）轻量级

安装众多的传统本地软件不但可能会使电脑卡顿，而且可能会给电脑带来安全问题，比如木马病毒、隐私泄露等。云应用的界面本质是 HTML5、JavaScript 等技术实现的，其轻量级的特点保证了应用的流畅运行。优秀的云应用提供了更高级的安全防护，将隐私泄露、系统崩溃等的风险降到最低。

通过这些特性，云应用打破了传统的软件使用模式，开启了软件服务的"新纪元"。云应用提供商将软件以服务的形式提供给用户，能够更便捷地满足用户的需求，同时也能够降低用户维护成本，提高工作效率。基于这些优势，云应用所涉及的领域越来越广泛，用户数量也逐渐增多，传统软件向云应用转型的革新浪潮已经势不可挡。

4.1.2　云应用安全特点

云计算应用安全涉及保障云计算应用的服务可用性、数据机密性和完整性、隐私权保护、物理安全控制以及防止恶意攻击及法律法规风险防范等诸多方面。在云计算发展过程中，云应用安全主要呈现出以下几方面的特点。

1．应用安全和数据安全的威胁正在扩大

在完全互联的世界里，安全正变得越来越重要，特别是随着云计算的快速发展，安全

变成云计算服务不可或缺的部分，计算和数据资源的集中化，也给应用安全和数据安全带来了一系列的新问题。

云计算环境中，所有的应用和操作都是在网络上进行的。用户通过云计算操作系统将自己的数据从网络传输到云中，由云来提供服务。因此，云计算应用的安全问题实质上涉及整个网络体系的安全问题，但是又不同于传统网络，云计算应用引发了一系列新的安全问题。

2. 数据主权的可控性面临严峻考验

在云时代，随着以苹果为样板的云计算服务模式逐渐普及，如果我国的主流云服务商均为跨国企业，借助同步、双向备份实现数据的跨境存储，将导致更加严重的数据安全问题，或者称为数据主权问题。

数据主权不是新名词，它涉及国家安全，不可不慎。如果跨国企业全面掌握了我国移动互联网领域的软件、应用和服务等市场，未来海量的金融、工业甚至经济安全领域的信息就有可能通过数据挖掘等技术为人所用，我国数据主权面临的局势将极为严峻。

3. 移动云计算服务面临新的安全挑战

从应用层面来看，随着"移动互联时代"的到来，越来越多的用户在移动设备上访问大量重要数据，用户使用以智能手机为代表的移动设备来处理银行交易、游戏、社交网站和其他的业务，黑客将越发关注这一平台，丰富的应用和多样化的终端加重了信息安全问题。

移动互联网独特的随身性、身份可识别性产生了基于位置和身份的各种服务，移动行业信息化、移动办公、移动电子商务等都是容易受到攻击的热点领域。

此外，移动互联网的安全环境也比传统互联网复杂，威胁来源和易被攻击范围更加广泛，包含大量个人信息和机密信息的移动数据更容易引起黑客关注。而且，移动互联网所特有的"应用平台商店+个体应用开发者"的前店后场模式，使得监管和审查难度加大，恶意软件和黑客软件更加容易得手。

从技术层面来看，移动云安全存在的主要安全威胁在于软件、保密性和访问认证，为保证云安全，要使用手机安全软件，并采取云访问保护以及嵌入式身份保护等安全措施。移动互联网安全防护体系建设包含网络防护、重要业务系统防护、基础设施安全防护等多个层面。

4. 云应用安全领域未能形成合力

目前，云安全产品主要集中在应用的安全领域，我国安全软件厂商虽然有一定的应用案例，但是云安全解决方案的数量、质量及厂商的实力与国外的相比还存在一定的差距。

因此，要实现云应用在关键领域的安全保障，还需要云计算平台提供商、系统集成商、云服务商、安全软件及硬件厂商等各类提供商的共同努力。

4.1.3 云应用安全发展趋势

随着云应用的不断增多，云应用安全问题也日益凸显。为了更好地保证云应用的安全，云安全机构提出了有效的策略和措施。本节将重点介绍云应用安全的发展趋势。

1. 云计算与信息安全将深度融合

云计算与信息安全的融合表现在两个方面。一是把安全能力赋能于云，让云拥有内生安全性，如近年提出的 "云原生安全"概念。随着越来越多的企业"上云"，目前存在的安全产品"拼凑问题""数据孤岛"等各种问题将因为云的原生技术能力迎刃而解。云原生能力定义的下一代安全架构将实现统一化的安全管理运维。二是将云计算技术用于信息安全产品中，让安全能力适应性更强、覆盖范围更广，如实现基于云计算技术的安全管理平台、终端安全管理产品、防病毒产品、数据丢失保护产品等。

2. 云安全解决方案将更加丰富

随着云计算的全面推进，信息安全新问题层出不穷，我国厂商将基于传统优势快速研发云安全解决方案。例如，安恒信息公司将在云计算平台安全、虚拟化安全、网络安全、数据保密和终端安全等领域展开新突破。

3. 云安全标准将陆续出台

云计算产业的迅猛发展，使企业迁移到云中的速度变得越来越快，针对云应用的安全问题日益突出。目前，国家已出台标准《信息安全技术 云计算服务安全指南》（GB/T 31167-2014）和《信息安全技术云计算服务安全能力要求》（GB/T 31168-2014）。

云安全标准出台面临的一大难题就是当前我国云计算产业参与者尚未形成一套共同遵循的技术标准和运营标准。具体表现在数据接口、数据迁移、数据交换、测试评价等技术方面，以及 SLA、云计算治理和审计、运维规范、计费标准等运营方面，它们都缺少一套公认的执行规范，不利于用户的统一认知和云计算服务的规模化推进。随着云计算标准的发展，云计算应用安全标准将陆续试点推广。

4. 云计算应用安全防护能力将逐步提升

通过发展数据安全与隐私保护、多租户身份管理、数据丢失防护等安全产品及提高在线电子证据保全、第三方安全审计、云安全等级划分与测评、安全监控与运维和安全应急响应等安全服务能力，同时建立安全等级评价指标，对云计算服务环境中的数据传输安全、存储安全、审计安全提供量化评价，将有助于提升用户对云计算服务的信任度。

4.1.4 云应用安全风险

虽然云计算为应用的开发和推广带来了很多便利和优势，但是基于云计算的各种应用也面临着诸多安全问题。互联网作为云计算信息传输的通道，其上存在的安全隐患同样威胁着云应用的安全，甚至由于云计算应用的无边界性和流动性，将会带来更多的安全问题。

1. 用户权限控制

云计算系统是海量用户、基础设施提供商和云应用提供商协作共处的复杂环境，在用户可以共享云中资源时，也给用户认证、访问控制及用户行为审计等带来了严峻的挑战，如海量用户账号、口令、证书的管理，跨域的组合授权，外部用户及内部人员行为的审计追踪等，这些都是云计算环境中用户身份认证和访问控制管理亟待解决的问题。

（1）身份认证问题

作为一种安全防护技术，身份认证在保护云应用安全方面起着举足轻重的作用。在云计算系统中，如果缺乏有效的身份认证管理手段，黑客就能够比较容易地绕过系统的身份验证机制侵入系统，使系统的任何安全防范体系都形同虚设，最终造成用户隐私和敏感数据的泄露，危害整个系统的安全。

当前，在云应用系统中身份认证存在两方面问题。一方面，很多云计算平台仍然采用静态口令的方式进行用户身份认证，如"账号+口令"。然而，静态口令存在很多安全隐患，比如难于管理、易于破解、终身使用等。同时，面对云计算中复杂的应用环境和角色定义，传统的、单一安全凭证的方式已经不能满足云应用的安全需求。另一方面，在云应用的身份认证中，一个用户在同一个云计算服务中拥有多个身份，许多云计算服务也支持用户使用多个不同身份进行认证。因此，对用户多重身份的管理和对联合身份认证的安全性保障也是云计算身份管理和认证中需要重点解决的问题。

（2）账号管理问题

在云应用系统中，正确的账号和口令是保证用户能够通过系统的身份认证机制，并成功进入系统的凭证。然而，诸多的账号管理问题也给系统带来了巨大的安全隐患。如果攻击者获取了某个合法用户的账号和口令，他就能够轻易进入系统，获取该用户的访问权限，导致系统出现安全风险。

普通用户在设置口令时经常会使用弱口令，即采用生日、手机号码等个人信息组成的简单口令，这类口令虽然容易被用户记住，但同时也容易被攻击者破解。目前常见的口令破解方式有暴力破解、组合攻击、词典攻击、口令蠕虫、网络嗅探等。更加危险的是，云计算平台强大的计算能力给攻击者提供了极大的便利，攻击者只需要很低的成本就可以很快地破解出较弱的口令。另外，某些用户还习惯于在不同的云应用中设置相同的口令，这样做的直接后果是，只要攻击者破解了一个口令，就能访问该用户所有相关的云应用，由此产生的危害可想而知。

对于云应用系统的运维人员，账号管理也存在很多问题。首先，某些运维人员为了方便登录系统，常常创建一个较易记忆的账号和口令，甚至可能与别人共享同一口令或者把口令写下来，这些都会给系统带来重大的安全漏洞。然后，同一个工作组的某些运维人员可能共用一个账号，一旦发生安全事故，将难以定位账号的实际使用者和责任人。最后，如果一个运维人员负责多个子系统的运维管理，则该运维人员需要使用多个子系统的账号，因而导致其在日常工作中记忆多套账号和口令的同时，需要在多套子系统之间不断切换，不仅增加了工作的复杂度，也降低了工作效率。

由上述分析可知，云应用系统的账号管理确实存在许多安全隐患，必须制定严格的账号管理制度来提高账号管理的安全性，进而保障系统的安全。

（3）访问控制问题

在云应用系统中，用户访问控制也面临两方面的问题。一方面，在云计算中，数据以托管的方式存储在云端服务器中，用户只需通过云服务商所提供的应用接口或浏览器就可以随时随地获取所需要的数据和服务。然而，开放的接口为非法访问提供了可能，一旦黑客设法通过开放的访问接口进入了云应用系统，就会威胁到云中数据的机密性和完整性。另一方面，随着云中各企业提供的资源服务的兼容性和可组合性的提高，组合授权问题也成了云访问控制服务安全框架需要考虑的重要问题。

当前，在信息系统中常采用的访问控制模型是基于角色的访问控制及其扩展模型，然而这种访问控制模型在云计算环境中难以适用。因为云服务商事先并不知道用户身份，很难在访问控制中给用户分配角色。目前的研究多集中在使用证书或基于属性的策略来提高云应用系统的访问控制能力，但是该研究还处于起步阶段，尚无非常成熟的技术产生。

（4）安全审计问题

在云应用环境中，安全审计面临诸多问题。首先，由于终端用户可以通过网络直接访问云端的软硬件资源，用户行为给云计算平台带来的安全风险不容忽视。DDoS 攻击是恶意用户利用云计算资源经常发起的攻击之一，在云计算环境中 DDoS 攻击不仅易于组织，而且破坏性极强，用户所享受的云计算服务质量将会受到严重影响。如何保障用户行为的安全可信并对其进行有效的风险控制已经成为云计算应用走向成熟的重要研究课题之一。其次，对云服务商内部人员的安全审计无法得到保障。云服务商内部工作人员的操作细节并不为用户所知，而且他们较外部黑客更易于窃取用户隐私。因此，对云服务商内部人员的审计也是云安全审计面临的一个难题。最后，基于云计算平台的网络犯罪行为存在难以追查、取证困难的问题。在云计算中，计算、存储、带宽等服务可以在全球范围内跨国获取，非法用户提供的账号信息可能是伪造的，因此对云计算平台的网络犯罪行为很难进行追查。并且，不同国家和地区对违法行为的取证要求不尽相同，在调查取证过程中，云服务商也不一定配合。最后，传统的安全审计技术并不能直接用于云计算环境。云计算系统和传统的信息系统相比更加复杂，急需研究适合云安全审计的技术。

综上所述，现有的用户身份认证、访问管理、行为审计等技术在云计算环境中面临着新的挑战，需要在云计算平台中积极引入高安全性的用户权限控制技术来保障云计算系统的用户接入安全，进而保障云计算环境中的应用安全。

2. 内容安全问题

内容安全是伴随着互联网的出现和广泛应用而产生的一种安全性需求，其宗旨是防止非授权的信息内容进出网络，具体包含政治性、保密性、隐私性、健康性、产权性、防护性等 6 个方面的内容。政治性方面要防止来自反动势力的攻击和诬陷言论；保密性方面要防止国家和企业机密被窃取、泄露和流失；隐私性方面要防止个人隐私被盗取、倒卖、滥用和扩散；健康性方面要剔除色情、淫秽和暴力内容等；产权性方面要防止知识产权被剽窃、盗用等；防护性方面要防止病毒、垃圾邮件、网络蠕虫等恶意信息耗费网络资源。随着互联网的发展，内容安全问题日趋严重，具体如表 4-1 所示。

表 4-1　内容安全问题

问题类型	问题描述
信息泄露	大量缺乏安全性考虑的 Web 应用平台往往存在一些极易遭受攻击的漏洞，导致大量用户信息被泄露
病毒及木马攻击	互联网环境日益复杂，安全漏洞持续增多，病毒、蠕虫等恶意程序层出不穷，很多低劣网站为这些网络病毒提供了攻击和生存的场所
垃圾邮件泛滥	大量垃圾邮件不仅浪费了存储资源和带宽，同时也传播了网络病毒
带宽滥用	网络视频、网络游戏等无节制使用，以及 P2P 下载，消耗大量网络带宽资源
网络低俗信息泛滥	网络上低俗信息迅速蔓延，严重污染了社会文化环境，危害着网络用户的身心健康
知识产权威胁	互联网的广泛开放导致电影、音乐、论文、书籍等资源的知识产权问题日益严重，盗版现象屡禁不止
无线上网威胁	无线上网的盛行导致垃圾短信、手机广告、非法信息等泛滥成灾，大量病毒通过手机肆意传播
虚假反动信息横行	网络言论发布的自由性和无限制性，使大量谣言和反动言论蔓延，容易造成舆论误导，产生恶劣的社会影响甚至诱发社会动荡

在云计算中，多数云应用的开发都是基于 Web 2.0 技术的，因此云计算中的内容安全问题不容忽视。表 4-1 中的内容安全问题在云计算中仍然存在，甚至可能因为云计算的方便性和易用性发生恶化。此外，云的高度动态性还增加了网络内容监管的难度。首先，云计算所具有的动态性特征使建立或关闭一个网站服务较之以往更加容易，成本更低。因此，各种含有低俗信息的网站将很容易以"打游击"的模式在云计算平台上迁移，使追踪管理难度加大，内容监管更加困难。其次，云服务商往往具有国际性的特点，数据存储平台也常跨越国界，存储在云上的网络数据可能会超出本地政府的监管范围，或者同属多地区或多国的管辖范围。因此，实现云计算内容的有效监控是云应用安全中的一大挑战。

3. Web 安全问题

云计算应用主要通过 Web 浏览器实现。因此，保障云计算应用安全的关键是保障 Web 安全。常见的 Web 攻击包括网络嗅探、端口扫描、SQL 注入、跨站脚本攻击、拒绝服务攻击、中间人攻击、恶意程序攻击等，这些攻击在云计算环境中同样存在。

（1）中间人攻击

中间人攻击是指攻击者通过网络嗅探技术拦截正常的网络通信数据，在通信双方毫不知情的情况下对数据进行篡改和转发来达到窃取数据的目的。这种攻击是一种间接的入侵攻击手段，在云计算环境中也存在。云计算平台与用户的数据交换是通过不可信、不可控的互联网实现的，如果云服务商没有正确安装和配置 SSL，则给攻击者提供了可乘之机来进行中间人攻击，使其在欺骗用户和云服务商的同时窃取通信数据。

（2）拒绝服务攻击

拒绝服务攻击是指攻击者通过某种手段使目标服务器停止对合法用户提供正常服务。DDoS 是一种破坏性更强的拒绝服务攻击手段，它借助于用户端/服务器技术，将多个计算机联合起来作为攻击平台，对一个或多个目标发动拒绝服务攻击，从而成倍地提高拒绝服务攻击的威力。在云计算环境中，拒绝服务攻击通常是指黑客迫使一些关键性服务消耗大量的系统资源，如 CPU、内存、硬盘、网络带宽等，最终导致服务器反应变得极为缓慢或完全无响应，从而停止服务。随着云应用的成熟，用户数量日益攀升，一旦云应用遭受拒绝服务攻击，从而停止服务，则所有的云用户都将被影响，这给用户和云服务商所造成的损失将会更加难以估量。

（3）恶意软件注入攻击

恶意软件注入攻击是指攻击者通过一定手段强行将一个恶意软件放到云计算平台上，

达到破坏性云计算平台安全的目的。恶意软件注入云计算平台后，一旦云计算平台将该程序视为合法服务，就存在用户对其发出访问请求的可能性。用户请求一旦成功，恶意软件就得以执行，并开始肆意破坏云计算平台。不仅如此，恶意软件还可以通过互联网网络蔓延到用户终端，对终端进行破坏，并且这种破坏会随着云用户数量的增加而扩大破坏范围，进而造成巨大的危害和损失。

4．应用迁移问题

日益成熟的云计算能够给企业带来的利益优势通常体现在增强 IT 系统与业务的灵活性、加快应用部署速度、提高业务创新能力、降低成本等几个方面。相比使用复杂的传统应用，使用云计算应用更像打开空调开关一样简便。因此，越来越多的 IT 企业开始考虑将原来运行在私有数据中心的大型应用系统迁移到云端。

然而，在实际应用中，将企业的大型应用系统迁移至云端面临着各种困难和挑战。例如，企业必须评估迁移需要的成本，包括迁移自身成本、迁移后应用程序在云环境中的运营成本等；哪些应用或组件应当被迁移到云端；迁移的次序应该如何决定；如何根据应用性能和可靠性需求来选择 IaaS 供应商；应该如何降低从私有数据中心迁移到云端的风险；迁移到云端后如何针对应用进行用户身份识别和访问控制管理；如何进行安全配置以保护隐私数据等；如何确保业务连续性和投资回报率。如果没有考虑到这些问题而盲目实施迁移，企业将会给自己的业务运营增加无法估量的风险，同时还会使其无法达成他们对云应用带来的效益的预期。

因此，企业要想成功建设一个云计算平台或者安全迁移一个应用到云端，必须处理好风险评估和规避等难题。

4.2 云应用安全措施

在 4.1 节中我们详细分析了云应用面临的安全风险，包括信息泄露、黑客攻击、软件漏洞、网络病毒等，这些安全威胁是现有信息系统中普遍存在的、共性的传统安全问题。因此，传统的信息安全技术应当继续应用在云应用安全保障领域，对部署在云环境上的应用进行安全防护，通过云应用生命周期安全管理、入侵检测技术、Web 应用防火墙技术、统一威胁管理技术等对云应用进行安全防护与检测。

4.2.1 云应用生命周期安全管理

云应用生命周期安全管理的目标是将安全管理融入整个应用开发的生命周期中。云应

云安全管理与应用

用生命周期安全管理是指在应用需求分析、架构审核、开发、测试审核、发布、应急响应的各个环节层层把关,每个节点都有完整的安全审核机制来确保应用的安全性能够满足严苛的云上要求,从而有效地提高云应用的安全能力并降低安全风险。

如表 4-2 所示,整个云应用生命周期安全管理可以分为应用立项、安全需求分析、安全架构审核、安全开发、安全测试审核、应用发布、应急响应 7 大阶段。

表 4-2　云应用生命周期安全管理

所属阶段	内容描述
应用立项	提供安全培训资料与课程
安全需求分析	分析应用安全需求
安全架构审核	确定设计要求、架构评估、威胁模型
安全开发	代码实现、开发自评
安全测试审核	代码审计、白盒测试
应用发布	安全监控、漏洞上报
应急响应	应用监控、漏洞评级及修复、安全加固

1. 应用立项阶段

在应用立项阶段,安全架构师和应用方一同根据业务内容、业务流程、技术框架建立功能需求文档并绘制详细架构图。同时,本阶段会安排针对性的安全培训课程与考试给应用方人员,从而避免在后续应用开发中出现明显的安全风险。

2. 安全需求分析阶段

对于云应用安全需求而言,云应用安全需求分析是构建安全应用的基础。

在安全需求分析阶段,针对安全目标,对应用中可能存在的风险及潜在威胁影响进行发现并分析,并以此为依据对信息及信息系统进行有依据的安全分类,从而利用不同的安全技术制定保护措施来应对风险。因此,从不同角度获取不同的安全需求,并对其进行深入分析,以构建与安全需求相符合的云应用。

3. 安全架构审核阶段

在安全架构审核阶段,安全架构师在应用立项分析阶段产出的功能需求文档和架构图的基础上对应用进行针对性的安全架构评估并进行应用的威胁建模。在威胁建模的过程中,安全架构师会对应用中的每一个需要保护的资产、资产的安全需求、可能被攻击的场景做出详细的模型,并提出相应的安全解决方案。安全架构师根据威胁建模过程中的安全解决方案,与应用方确认对该应用的所有安全要求。

4. 安全开发阶段

在安全开发阶段，应用方会根据安全要求在应用开发中遵守安全编码规范，并实现和满足应用的相关安全功能和要求。为了保证云应用能够快速持续地开发、发布与部署，应用方会在本阶段进行自评以确认安全要求都已经满足，并提供相应的测试信息（如代码实现地址、自测结果报告等）给安全测试工程师，为下一阶段的安全测试审核做好准备。

5. 安全测试审核阶段

在安全测试审核阶段，安全测试工程师会根据应用的安全要求对其进行架构、设计、服务器环境等全方位的安全验证，并对应用的代码进行代码审核和渗透测试。在此阶段发现的安全问题会被提交给应用方以进行安全修复和加固。

6. 应用发布阶段

在应用发布阶段，只有经过安全验证，并且得到安全审批许可后，应用才能通过标准发布系统部署到生产环境，以防止应用在生产环境中运行时携带安全漏洞。

7. 应急响应阶段

在应急响应阶段，安全应急团队会不断监控云计算平台可能出现的安全问题，并通过外部渠道（如用户反馈）或者内部渠道（如内部扫描器、安全自测等）发现安全漏洞。在发现漏洞后应急团队会对安全漏洞进行快速评级，确定安全漏洞的紧急度和修复排期，从而合理分配资源，做到快速并合理地修复安全漏洞，保障云用户及应用自身的安全。

在云应用安全生命周期的各个阶段都有相应的安全任务。如果这些任务未完成，则意味着该阶段的安全问题或风险没有解决，如果不予解决并带到下一阶段，这些问题就可能最终被带入生产环境。安全开发生命周期的流程保障，可以确保不将问题、风险、缺陷带入下一阶段。

安全开发生命周期在许多大中型公司的产品开发中都有广泛应用，以天池云为例，其安全云应用的开发生命周期主要包括 6 个阶段，即安全培训、需求分析与设计、安全开发、安全测试、发布和应急响应。

4.2.2　入侵检测技术

在云计算环境中，尽早对恶意行为进行识别和响应对提高应用安全性、降低安全损失而言具有十分重要的意义，而入侵检测技术恰好具有这样的功能。在网络安全技术中，入侵检测技术属于主动防御技术，可以在一定程度上实时检测入侵行为并及时做出反应。它作为防火墙之后的第二道安全屏障，致力于实时的入侵检测，试图尽早发现入侵行为和企图入侵行为，并采取记录、报警、隔断等有效措施来堵塞漏洞和修复系统。

IDS 是实现入侵检测功能的系统。在系统的安全受到侵害时，IDS 会报警并采取适当的行动来阻止入侵行为，从而起到保护系统安全的作用。IDS 一般包括 3 个部分：信息的收集和预处理、入侵分析引擎及响应和恢复系统。入侵检测成功与否依赖于信息是否具有可靠性、正确性和实时性。入侵检测利用的数据来源包括主机系统信息、网络信息、其他安全产品产生的审计记录和通知消息等。入侵分析引擎是 IDS 中的核心部分，传统的入侵检测方式分为异常检测和误用检测两种，目前的 IDS 大多采用两者结合的方式。事件响应和恢复很重要，但往往被忽略。事件响应的类型分为主动响应和被动响应。主动响应机制会阻断或干扰入侵过程，被动响应仅汇报情况和记录入侵过程。

入侵检测技术的发展经历了 4 个阶段：基于主机的、基于多主机的、基于网络的和分布式的入侵检测技术。基于主机的入侵检测技术，其输入数据来源于系统的审计日志，一般只能检测该主机上发生的入侵。基于网络的入侵检测技术，其输入数据来源于网络的信息流，根据网络流量、协议分析、SNMP 信息等数据检测该网段上发生的入侵。采用上述两种数据来源的是分布式的入侵检测技术，它能够同时分析来自主机系统的审计日志和网络数据流，一般为分布式结构，由多个部件组成。入侵检测技术经过近二十年的发展涌现了许多新的 IDS 研究方法，目前较有代表性的包括神经网络、遗传算法、模糊识别、免疫系统、数据挖掘等。

在云计算系统中，云服务商应根据自身环境部署 IDS，依据自身安全需求制定安全策略，对云应用环境进行实时监控，对网络中正在发生的各种异常事件和攻击行为做出准确分析和报告，实现对云应用环境的"全面检测"，并通过实时报警信息和多种格式的报表，为管理员提供可操作的安全建议，帮助管理员完善安全保障措施，提高云应用的安全性。

4.2.3　Web 应用防火墙技术

目前，云计算服务大多基于 Web 提供，很容易遭受 Web 攻击，而 Web 应用防火墙可以很好地解决云计算应用层的安全问题。Web 应用防火墙是专门为 Web 应用提供保护的安全设备，与传统的网络防火墙不同，Web 应用防火墙工作在应用层，起着监视和隔绝应用层通信流的作用，它可以解决传统防火墙束手无策的 Web 应用安全问题，比如对 DDoS、SQL 注入、可扩展标记语言（Extensible Markup Language，XML）注入、跨站脚本等常见攻击的防护。

Web 应用防火墙采用主动安全技术实现对应用层的内容检查和安全防御，它通过建立正面规则集来描述行为和访问的合法性。对于接收到的数据，Web 应用防火墙从网络协议中还原出应用数据，并将其与正面规则集进行比较，只允许符合规则的正常数据通过。因为 Web 应用防火墙是通过先学习合法数据流进出应用的方式，然后再识别非法数据流的方法来检测数据包的，因此 Web 应用防火墙可以防御未知攻击，阻止针对 Web 应用的攻击。

Web 应用防火墙具备以下几个特点。

（1）全面防护

Web 应用防火墙可在应用层检查 HTTP 和 HTTPS 流量，在合法的应用程序运行时查找试图蒙混过关的攻击程序，能够检测和防御各类常见的 Web 应用攻击，如黑客攻击、蠕虫、跨站脚本、网页钓鱼等。提供对 SQL 注入的有效防护，能有效遏制网页篡改。

（2）深入检测

Web 应用防火墙可细粒度地检测并防御一些常见的拒绝服务攻击行为，提供针对常见的假人攻击、创建账号攻击、数据库攻击等的检测和防护。

（3）高可靠性

Web 应用防火墙提供硬件分流或 HA 等可靠性保障措施，确保 Web 应用核心业务的连续性。

（4）管理灵活

Web 应用防火墙提供基于 IP 地址、端口、协议类型、时间及域名的灵活访问控制。基于对象的虚拟防护为每位用户量身定制安全防护策略。支持规则的在线升级和离线升级。

（5）强大的审计功能

Web 应用防火墙能够详细记录系统日志、应用访问日志以及攻击统计报告，支持标准的 syslog 日志服务器。

在云计算应用层中使用 Web 应用防火墙技术，着重进行应用层的内容检查和安全防御，能够提高云计算中 Web 服务系统的安全性。需要注意的是，云计算环境较为复杂，黑客攻击有混合攻击的趋势，防火墙技术也需要与其他技术结合，做出相应改进，以使其功能更智能化、可扩展性更好，为云应用提供更充分的安全防护。

4.2.4　统一威胁管理技术

很多企业在构建网络安全系统时，并没有很好地规划，而是简单地采购了防火墙、防病毒和防入侵等的网络安全产品并进行使用，这种安全手段容易导致安全产品堆叠，带来 4 个直接的弊端：资源浪费，功能重复；管理复杂，难以制定整体安全策略；难以协调，产生兼容性问题；安全效能低下。在云应用系统中，这种现象同样存在。针对这种现象，统一威胁管理技术是一种很好的解决方法。

避免安全堆叠的直接手段就是整合，即将各种安全防护设备设置在一个管理平台上，并统一管理和部署，这是对日益增多的网络威胁的一种积极应对。统一威胁管理是一种将企业防火墙、入侵检测和防御以及防病毒等结合为一体的设备，使用这样的整合设备将成为未来的应用趋势。它从以下 3 个方面进行评估，体现了整合安全的巨大优势。首先，在理论层面，它通过对各种安全理论的整合，构建起全新的网络安全理念；其次，在方案层面，它要求将尽可能多的安全解决方案整合到一起，构筑智能型的立体防护体系；最后，在技术层面，它通过对诸多安全技术与产品的全面整合，为信息网络提供全面、动态的安全防护体系。因此，整合安全，让单一的网络安全向综合安全转变，不仅可以提供对某种安全隐患的防范能力，还可提供对各种可能造成网络安全问题的隐患的整体防范能力，具有全面、立体防护优势。

统一威胁管理设备的特点是可以只用它的某一个专门的功能，如用于网关防病毒或用于内部的入侵检测，也可以全面应用所有功能。当统一威胁管理设备作为一种单点产品来应用时，企业能获得统一管理的优势，并且也能在不增加新设备的情况下开启自身需要的任何功能。统一威胁管理设备为网络安全用户提供了一种更加灵活也更易于管理的选择。用户可以在更加统一的架构上建立自己的安全基础设施，而以往困扰用户的安全产品联动性等问题也能够得到解决。相对于提供单一的专有功能的安全设备，统一威胁管理设备在一个通用的平台上提供多种安全功能。典型的统一威胁管理设备整合了防病毒、防火墙、入侵检测等很多常用的安全功能，而用户既可以使用全面的功能，也可以根据自己的需要使用某几个方面的功能。更加重要的是，用户可以随时在这个设备上增加或调整安全功能。

和普通的网络环境相比，云应用环境更加复杂，网络安全状态也更加恶劣，安全威胁只多不少，众多攻击手段让传统上各自为战的安全产品破绽百出，单一的产品已经无法满足云计算环境中的全面应用安全需求，只有将具有不同安全侧重点的安全技术有效地融合起来，形成有效的整体安全解决方案，才能真正抵御各种威胁入侵。因此，采用适合云计算环境的统一威胁管理设备更有利于实现云应用安全的一站式整体安全保障。

4.3 云应用安全实践

本节将以天池云安全管理平台为依托，深入剖析天池云安全管理平台在云应用安全方面的防护措施及应用实践，主要包括天池明御 Web 应用防火墙、天池玄武盾云防护平台、天池网站卫士网页防篡改系统 3 个典型系统的体系结构、主要功能、技术优势。

4.3.1 天池明御 Web 应用防火墙

天池明御 Web 应用防火墙（Web Application Firewall，简称 WAF）是一款专业的 Web 应用安全防护产品，专注于网站及 Web 应用系统的应用层专业安全防护，很好地解决了传统安全产品如网络防火墙、入侵防御系统等难以对应用层进行深度防御的问题。

明御 Web 应用防火墙，基于云安全大数据和智能计算能力，采用双安全引擎，通过机器学习对 Web 业务系统建立安全模型，辅助安全引擎提高准确率，降低误报率。另外，通过智能安全引擎内置的安全规则可以防御 SQL 注入、跨站脚本、常见 Web 服务器插件漏洞、木马上传、非授权核心资源访问等常见的开放式 Web 应用程序安全项目（Open Web Application Security Project，OWASP）Top10 攻击行为，过滤海量恶意访问，避免网站资产数据泄露，保障网站应用的安全性与可用性。明御 Web 应用防火墙的体系结构如图 4-2 所示。

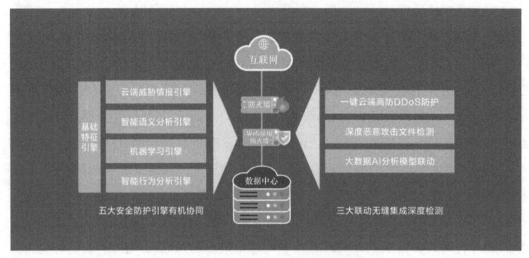

图 4-2　明御 Web 应用防火墙的体系结构

由图 4-3 可知，明御 Web 应用防火墙采用"五大安全防护引擎有机协同"与"三大联动无缝集成深度检测"机制，有效保障云应用的安全。明御 Web 应用防火墙的主要功能包括云端威胁情报、一键云端高防 DDoS 防护、攻击行为跟踪与锁定、网页篡改监测、用户访问行为审计、报表统计、自动侦测 Web 服务器、地图态势分析、规则误判分析、内置敏感词库、IP 地址信誉库、应用加速与访问合规性等。

1. 云端威胁情报

Web 应用防火墙与云端威胁情报实时联动，主动发现扫描 IP 地址、僵尸 IP 地址、CC、代理 IP 地址等恶意 IP 地址对 Web 业务的访问行为，针对恶意的访问行为，它将记录告警日志并及时通知运维管理人员对恶意 IP 地址的访问行为进行拦截，如图 4-3 所示。

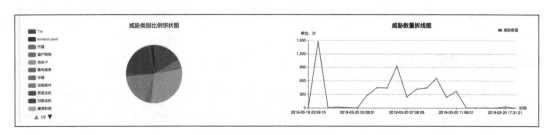

图 4-3　云端威胁情报统计

2. 一键云端高防 DDoS 防护

明御 Web 应用防火墙拥有专业的应用层 DDoS 防护能力，只需在 WAF 上一键开启就可实现对域名的云端 DDoS 防护。采用请求速率和请求集中度双重检测算法，基于 URL、请求头字段、目标 IP 地址、请求方法等多种组合条件对 CC 攻击进行检测，针对短信接口、API、登录页面等的精确 CC 攻击行为进行拦截。触发 CC 规则后可进行 JavaScript 跳转，快速实现人机判别，并通过自学习用户流量模型，如新建、并发等参数，根据流量模型监控流量是否异常，按需开启 CC 防护策略。

3. 攻击行为跟踪与锁定

通常情况下 Web 应用防火墙基于安全规则的匹配，仅对匹配到的攻击请求进行阻断。这种无状态的特征匹配技术存在穷举攻击的风险，入侵者只要有足够的攻击样本和时间就可能突破或绕过 Web 应用防火墙的规则匹配机制。如部分用户已经部署 Web 应用防火墙，依然被检测出存在安全漏洞，就是因为漏洞扫描工具的攻击特征库大于 Web 应用防火墙特征库。

明御 Web 应用防火墙采用攻击者状态跟踪机制，可智能识别用户误操作与恶意攻击者的攻击，实现对攻击者进行跟踪的目的。定位出攻击者行为后可针对攻击者 IP 地址实现一定时间的封锁，从而降低被穷举攻击的风险。基于智能的攻击者跟踪分析技术可以有效缓解的安全风险包括：扫描器扫描、手工探测与渗透、恶意攻击、蠕虫攻击、应用层 CC 攻击、应用层流量攻击。

WAF 有助于安全管理员对安全事件的分析，管理员无须面对海量的安全日志。明御 Web 应用防火墙可自动实现数据挖掘与分析，展现重要的安全事件，而不仅仅提供简单的安全日志。

4. 网页篡改监测

Web 应用防火墙实时监测网站服务器的内容是否被非法更改，一旦发现内容被非法更改则第一时间通知管理员，并形成详细的日志信息。与此同时，WAF 系统将对外显示之前的正确页面，防止被篡改的内容被访问。

WAF 通过内置自学习功能获取 Web 站点的页面信息，对整个站点进行"爬取"，爬取后根据设置的文件类型（如.html、.css、.xml、.jpeg、.png、.gif、.pdf、.doc、.fla、.xlsx、.zip 等类型）进行缓存，并生成唯一的数字水印，然后进入保护模式提供防篡改保护之后，对用户端请求页面与 WAF 自学习保护的页面进行比较，如检测到网页被篡改，第一时间向管理员进行实时告警，对外仍显示篡改前的正常页面，用户可正常访问网站。事后可对原始文件及篡改后的文件进行本地下载比较，查看篡改记录。也可设置仅检测模式，只对篡改进行告警，不提供防护功能。

5. 用户访问行为审计

Web 应用防火墙在应对 Web 应用攻击检测防护方面，除了对已知可防护的攻击类型实现全面的拦截以外，还具备对应用访问全审计的功能。全审计指对所有的 Web 请求进行审计分析记录，不仅可以提供详细的访问日志分析，还可以用图表的形式展现 Web 服务的业务访问情况。通过对访问记录的深度分析，可以发掘一些潜在的威胁情况，对于攻击防护遗漏的请求，仍然可以起到追根溯源的作用。

6. 报表统计

Web 应用防火墙支持自定义报表、组合报表、定时报表以及合规报表，自定义报表如图 4-4 所示。用户可以通过用户端 IP 地址、服务器 IP 地址、时间范围、危险等级等多种组合条件进行查询。通过报表，用户可以更好地了解一段时间内网站被攻击的情况。另外，WAF 可以将报表定期通过邮件发送给管理员。

图 4-4　自定义报表

Web 应用防火墙支持对保护的服务器进行 PCI DSS 合规扫描，PCI DSS 为第三方支付行业数据安全标准，用户通过扫描结果可以确定当前 Web 业务是否符合 PCI CSS 标准，另外它针对合规扫描结果中的不满足项给用户提出了相应的解决方案。

7. 自动侦测 Web 服务器

Web 应用防火墙在透明部署的情况下可以自动侦测用户网络环境中的 Web 服务器，降低管理员的配置成本。同时，它能够记录服务器的 IP 地址、端口、域名等信息，方便用户添加需要保护的站点，如图 4-5 所示。

8. 地图态势分析

Web 应用防火墙可以按照地理区域（世界地图+中国地图）对攻击次数、危险等级进行统计，同时在地图上可以针对某一地理区域进行访问限制，可以有效控制软件的攻击行为。

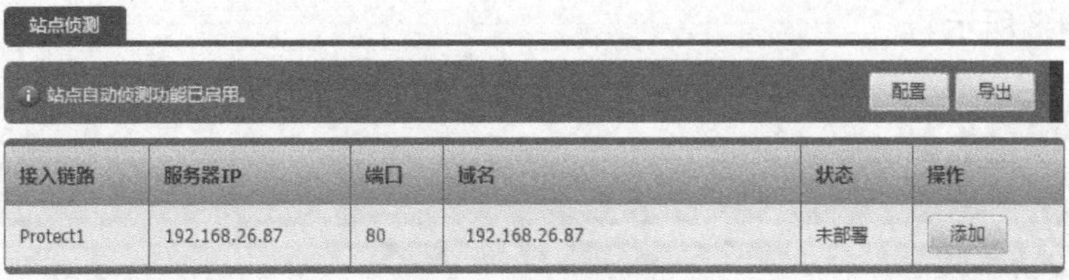

接入链路	服务器IP	端口	域名	状态	操作
Protect1	192.168.26.87	80	192.168.26.87	未部署	添加

站点侦测

站点自动侦测功能已启用。　　配置　导出

图 4-5　自动侦测

9. 规则误判分析

Web 应用防火墙内置规则误判分析功能,可对海量的告警日志进行自动分析并生成分析结果,减少人工分析的成本,如图 4-6 所示。

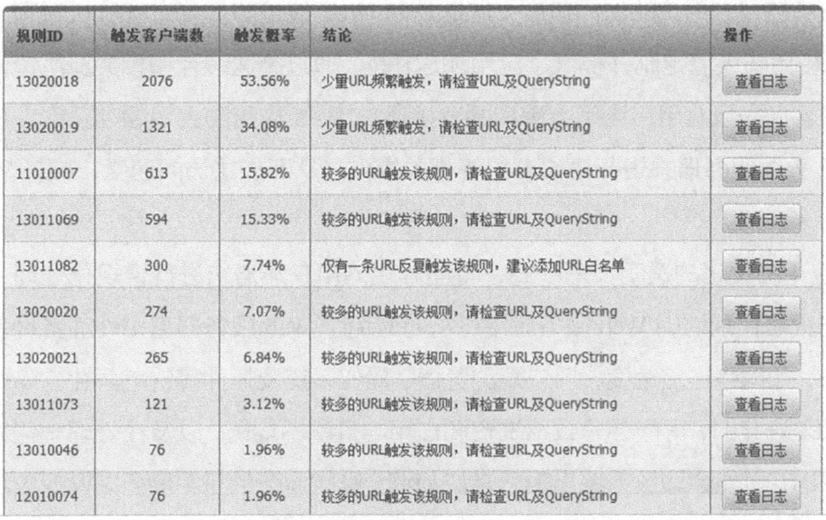

规则ID	触发客户端数	触发概率	结论	操作
13020018	2076	53.56%	少量URL频繁触发,请检查URL及QueryString	查看日志
13020019	1321	34.08%	少量URL频繁触发,请检查URL及QueryString	查看日志
11010007	613	15.82%	较多的URL触发该规则,请检查URL及QueryString	查看日志
13011069	594	15.33%	较多的URL触发该规则,请检查URL及QueryString	查看日志
13011082	300	7.74%	仅有一条URL反复触发该规则,建议添加URL白名单	查看日志
13020020	274	7.07%	较多的URL触发该规则,请检查URL及QueryString	查看日志
13020021	265	6.84%	较多的URL触发该规则,请检查URL及QueryString	查看日志
13011073	121	3.12%	较多的URL触发该规则,请检查URL及QueryString	查看日志
13010046	76	1.96%	较多的URL触发该规则,请检查URL及QueryString	查看日志
12010074	76	1.96%	较多的URL触发该规则,请检查URL及QueryString	查看日志

图 4-6　查看自动分析后的分析结果

10. 内置敏感词库

Web 应用防火墙内置敏感词库,包括身份证号、银行卡号、手机号、社保号等敏感信息,可以对服务器返回的敏感词进行过滤,防止敏感信息被泄露,如图 4-7 所示。

敏感词过滤

预设	□身份证　□手机号　□银行卡号　□信用卡号　□社保号
敏感词	_____ 删除
操作	保存　添加敏感词

图 4-7　敏感词过滤

11. IP 地址信誉库

Web 应用防火墙内置 IP 地址信誉库,IP 地址信誉库主要来自安恒安全研究院和国际知名恶意 IP 地址库。只要有恶意的 IP 地址访问服务器,Web 应用防火墙就会进行阻断并告警，如图 4-8 所示。

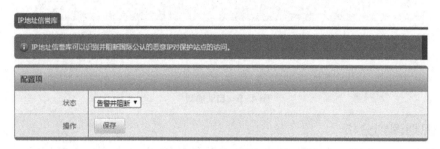

图 4-8　IP 地址信誉库

12. 应用加速与访问合规性

为了提高被保护系统的访问速度，同时消除 Web 应用防火墙过滤分析过程中带来的延时，Web 应用防火墙定制并提供了应用加速功能，通过高速缓存和相关算法镜像管理相关的静态内容，一旦有用户访问，用户端直接通过 Web 应用防火墙缓存获取，避免了用户重复访问 Web 服务器并进行协议解析等相关操作，从而加快访问速度，减轻 Web 服务器的负担。

Web 应用防火墙的透明代理模式，将差异化的用户端请求进行合规化处理，统一由 Web 应用防火墙代理访问 Web 服务应用，从而避免了 Web 服务器直接处理各种差异化的用户端请求，如网络连接速度、用户端浏览器、操作系统及插件等的差异化。Web 服务器在处理各种差异化时，可能会导致系统资源占用与分配不均衡，以及在处理一些异常与持久连接请求时，可能会导致系统出现异常或崩溃，影响业务的正常服务。Web 应用防火墙采用极强的容错技术，对畸形请求、差异化连接请求进行规范化，统一向 Web 服务器发起请求，并进行数据交互，确保交互结束后及时释放连接资源，从而在一定程度上达到安全防护及业务合规化的目的。

为了防止网站攻击、敏感信息泄露等不良行为，有效保障 Web 应用的安全，Web 应用防火墙采取一系列技术措施，具体包含如下几个方面。

（1）细粒度控制策略

Web 应用防火墙基于信用度的动态阻断策略，对高信用度 IP 地址仅阻断带攻击的请求，对低信用度 IP 地址实现网络封锁，基于 URL 白名单+规则的策略，使网站质量引起的误判处理达到平衡，基于 URL 粒度的安全规则可实现不同资源的差异化防护，基于完整 HTTP 框架可灵活定制各种复杂的特定策略。

（2）智能化识别算法

Web 应用防火墙具有多项专利技术保障识别能力，可准确识别 OWASP Top10 等各种 Web 通用攻击；研发基于行为状态链的异常检测技术，可有效应对盗链、跨站请求伪造等特殊攻击；云安全中心提供国内全面的内容管理系统（Content Management System，CMS）0day 防护策略，提出应用层 CC 检测算法，可有效防御 CC 攻击行为。

（3）自动化部署运维

Web 应用防火墙通过自动化部署，能够快速适应各种网络环境。同时，采用策略自学习机制，可生成贴近业务的专用策略，并自动挖掘威胁日志，实时分析日志，形成合规报表。针对规则库进行实时更新，有效应对新型 Web 攻击。

（4）支持 SSL 加速卡

Web 应用防火墙支持内置 SSL 加速卡，通过专业 SSL 加速卡解决 Web 应用防火墙设备对 HTTPS 流量性能处理不足等问题，最高支持 20GB 的 SSL 加速卡，其 HTTPS 性能至少提升 5 倍。

（5）支持 IPv4 和 IPv6 双协议栈

Web 应用防火墙支持 IPv4 和 IPv6 双协议栈，可同时对 IPv4 和 IPv6 的 Web 业务系统进行安全防护。透明串接、反向代理、旁路镜像均支持 IPv4 和 IPv6 双协议栈，其已获得 IPv6 金牌认证产品资质。

（6）支持 HTTPS 站点的防护

Web 应用防火墙支持对 HTTPS 站点的防护，能良好地适应原有的 HTTPS 应用系统，无须改变原有环境，对 HTTPS 应用系统仍可透明部署和全面防御。针对同一个 IP 地址和端口下有多个证书的情况，Web 应用防火墙支持一个站点上传多个证书，另外也可以选择使用 SSL 或者 TLS 协议，HTTPS/SSL 加解密如图 4-9 所示。

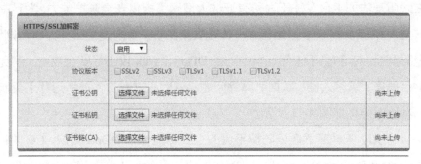

图 4-9　HTTPS/SSL 加解密

（7）支持多种告警方式

Web 应用防火墙支持短信、邮件、syslog 等多种告警方式，可以发送设备的系统日志和告警日志，如图 4-10 所示。

（8）可靠性保障

在高可靠性保障方面，Web 应用防火墙支持双机热备功能，并考虑冗余链路环境的部署支持问题。在单机方面，它实现了错误检测及设备故障检测功能，一旦出现不可恢复的故障问题，设备会自动切换到物理直通模式，确保网络环境的业务访问不受影响。明御Web 应用防火墙的设计实现充分体现了高可靠性及安全性的双重保障原则。

图 4-10 告警方式

4.3.2　天池玄武盾云防护平台

天池玄武盾云防护平台是安恒信息公司自主研发的 SaaS 云安全防护系统，是国内首家符合等级保护三级要求的云防护平台。目前全国已建设 50 个玄武盾云防护节点，能够精准覆盖各类 Web 应用攻击，具备 2.5TB DDoS 攻击防护能力。它基于零部署、零运维的 SaaS模式，10min 即可被有效接入，通过威胁情报、DDoS 防护、Web 防护、CC 防护、数据防护 5 大防护模块为用户提供防攻击、防篡改、防"瘫痪"、防泄露等安全防护，并结合大数据流量处理，对网络安全态势进行数据大屏可视化，让安全态势可感、可知。同时，40 多名安全专家提供 7×24 小时服务，确保用户安全零损失。天池玄武盾云防护平台主要应用于政府、教育、电信、医疗等行业，目前已成为比较专业的私有云安全专属"管家"。

天池玄武盾云防护平台专注于为私有云或大型网络提供安全防护能力，为私有云计算平台提供安全检测、防护、分析、运营等一体化安全防护。事前发现云计算平台网络资产，并进行安全漏洞检测，防患于未然；事中防御 DDoS、Web 攻击等安全攻击，避免云计算平台出现平台瘫痪、黑客入侵、数据泄露等问题；事后通过威胁情报和运营工具制订辅助安全决策，其体系结构如图 4-11 所示。

由图 4-11 可知，天池玄武盾云防护平台的主要功能包括 DDoS 防护、CC 防护、内容分发服务（Content Delivery Network，CDN）加速、Webshell 攻击防护、Web 安全防护、协同防护、四大"重保利器"等。

1．DDoS 防护

针对各类业务系统发起的 DDoS 攻击进行流量清洗，最大防护峰值可达 2.5TB，采用3～4 层清洗模块对大流量 DDoS 攻击、syn flood、ack-flood、udp-flood、icmp-flood、网络时间协议（Network Time Protocol，NTP）攻击进行清洗，保障在线业务系统的可用性和连续性。DDoS 防护全国回源 50ms 以内，弹性防护，如图 4-12 所示。

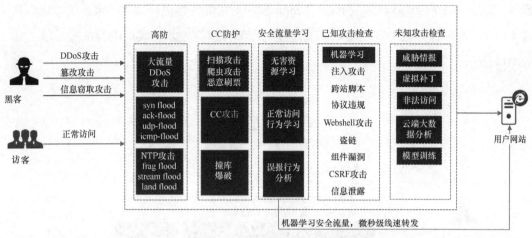

图 4-11　玄武盾云防护平台体系结构

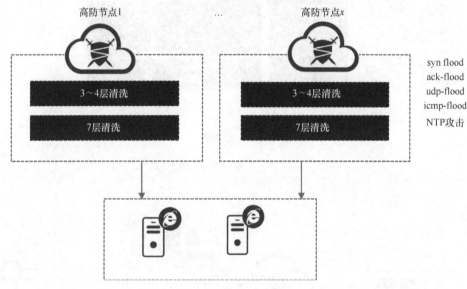

图 4-12　DDoS 防护

2. CC 防护

针对小流量、应用层 DDoS 攻击，采用专利级 CC 防护引擎进行识别和拦截，通过威胁情报的恶意 IP 地址库、"肉机"/代理主机库、扫描器 IP 地址库等进行碰撞，对一部分扫描器、爬虫、刷票、CC 攻击等应用层 DDoS 攻击进行过滤。

CC 攻击通常具备访问频率高、集中度高等特点，通过专利级 CC 多重检测算法，根据用户访问频率、用户访问集中度、用户访问行为、QPS 限流等多种方式进行过滤，紧急情况下可通过区域级封锁和挑战模式进行极限防护，如图 4-13 所示。

3. CDN 加速

玄武盾在全球拥有 50 个云防护节点，可对访问用户进行 CDN 就近加速，内置

Webcache 和 Webrar 模块。WebCache 模块对图片、页面、CSS 文档等静态页面进行高速缓存，提升 Web 服务器连接可用性。Webrar 模块对页面内容进行文件压缩，压缩比率高达 10：1，提升服务器带宽使用率。通过压缩和节点缓存技术，实现内容加速功能，如图 4-14 所示。

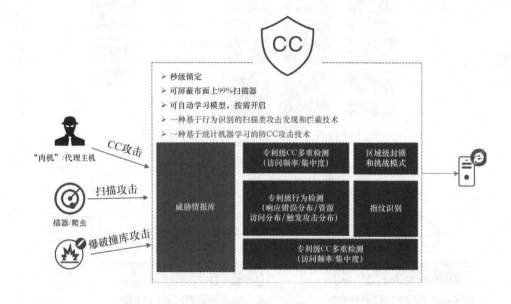

图 4-13　CC 防护

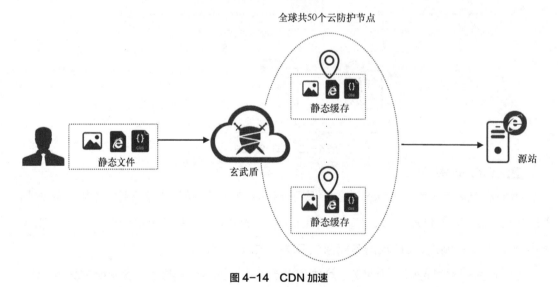

图 4-14　CDN 加速

4. Webshell 攻击防护

通过 Webshell 检测模块获取被上传文件的 MD5 值，Webshell 检测模块和深度学习模块通过数据库进行通信。根据文件的 MD5 值在远程字典服务（Remote Dictionary Server，Redis）判断文件是否为恶意上传文件，并结合威胁情报，通过匹配恶意文件库，检测

Webshell 攻击，进行实时有效阻断。

5. Web 安全防护

玄武盾提供了目前业界覆盖范围较广、防护能力较强的 Web 安全防护，对 Web 网站或应用进行严格的保护。安全策略来自 Snort、通用缺陷枚举（Common Weakness Enumeration，CWE）、OWASP 组织，以及安恒安全研究院对我国典型应用的深入研究成果，采用机器学习+规则双重检测机制，通过机器学习识别注入和跨站类攻击。

通过规则检测引擎对协议违规、Webshell 检测、盗链、组件漏洞、CSRF 攻击、信息泄露屏蔽等攻击进行拦截，如图 4-15 所示。

图 4-15　规则检测引擎

6. 协同防护

能够识别经常发起攻击的 IP 地址信息，包括地理位置、国家、活跃时间等；对持续发起网站扫描的 IP 地址进行限时封禁，对恶意攻击者 IP 地址可在全网范围内进行封禁。

7. 四大"重保利器"

（1）一键关停

当网站出现紧急安全事件时，可通过手机 App 和浏览器一键秒级完成全站关停，防止网站因安全事件被通报或散布到互联网上产生不良影响，同时针对暗链、黑页等异常页面支持 URL 级关停，站点分析如图 4-16 所示。

图 4-16　站点分析

（2）虚拟补丁

支持虚拟补丁一键下发功能。网站出现 0day 漏洞时能快速完成漏洞修复，为人工修复补丁和修正软件源代码都争取了时间。可解决人工修复漏洞的针对性、时效性和安全性不强的问题，大大节约人力和运营成本，有效保障网站安全性和可用性。

（3）区域访问控制

国内的部分网站和业务系统基本都由所在辖区省内用户使用或者访问，国外 IP 地址的正常访问占比非常小。所以在敏感期可以设定仅我国 IP 地址可以访问网站和业务系统，或者限定一些区域无法访问，这样可以有效降低被攻击的风险。通过可视化的操作界面可完成精确到区县级别的封锁，并且仅需单击鼠标。

（4）永久在线

开启永久在线功能后，网站根据访问记录定期自动学习服务器内容。

当用户网站因为服务器故障、线路故障、电源等问题导致无法连接时，其可被自动切换到镜像站。这样，在敏感时期或特殊时期，用户网站即使在主动关闭的情况下仍可显示网站页面，保证网站永久在线，如图 4-17 所示。

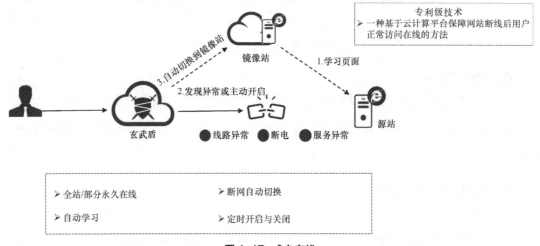

图 4-17　永久在线

4.3.3　天池网站卫士网页防篡改系统

天池网站卫士网页防篡改系统采用专利级 Web 入侵检测技术对网站进行多层次的安全检测分析，有效保护网站静态/动态网页及后台数据库信息；新一代内核驱动级文件保护功能，确保防护功能不被恶意攻击者非法终止；支持大规模连续篡改攻击防护，支持多服务器、多站点、多文件类型的防护，其系统架构如图 4-18 所示。

网页通常由静态文件和动态文件组成，网页防篡改系统在站点采用了两种防范方法，实现对静态文件和动态文件的保护。对动态文件的保护方法，通过在站点嵌入 Web 防攻击模块，以及设定关键字、IP 地址、时间过滤规则，对扫描、非法访问请求等操作进行拦截；对静态文件的保护方法，在站点内部通过防篡改模块进行静态页面锁定和静态文件监控，发现有对网页进行修改、删除等非法操作时，进行保护并告警。

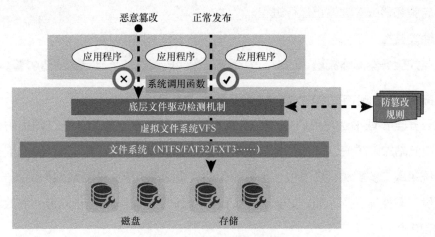

图 4-18　网页防篡改系统架构

1. 主要功能

天池网站卫士网页防篡改系统的主要功能包括网页防篡改、网页恢复、网站漏洞防护、CC 攻击防护、网站后门查杀、资产指纹、性能监控等。

（1）网页防篡改

事前防篡改、事中告警、事后恢复，全面、有效地解决网页篡改问题。事前将网页文件保护起来，除了指定的可信 IP 地址、进程、用户之外，禁止其他任何来源修改受保护的网页文件，在非法进程尝试篡改网页文件之前阻止，防患于未然。

（2）网页恢复

事后自动恢复，满足网站一旦被篡改后具备实时恢复机制的要求，支持网站集群发布、增量发布。

（3）网站漏洞防护

针对网站常见的 SQL 注入、跨站脚本、Web 容器及应用漏洞进行实时防护，可自定义新规则，自动屏蔽扫描器以防止非法请求等。

（4）CC 攻击防护

以自研 Web 容器安全插件采集的数据为依据，智能检测并防护 CC 攻击行为，从内核网络驱动中直接丢弃攻击者的数据包，以保证网站的正常服务能力。

（5）网站后门查杀

网站后门查杀将特征码、模糊哈希算法、脚本虚拟机动态检测等多重检测技术相结合，并采用先进的多模匹配算法，其检出率高、误报少、扫描速度快，二次扫描时可大幅度提升扫描速度。

（6）资产指纹

监测并展示服务器网络信息、环境信息、监听端口、运行进程、账号信息与软件信息，可一键重启服务器或一键停止运行进程。

（7）性能监控

实时监控服务器网络流量、CPU、内存及磁盘使用情况，可自定义阈值告警。

2. 网站卫士网页防篡改系统的技术特点及优势

天池云安全管理平台为用户提供了先进的网页防篡改安全能力，通过网页防篡改技术，对用户网站加以防护，同时借助防篡改引擎，实现对篡改行为的监测。网站卫士网页防篡改系统采取了多层次、多方位、全智能化的安全防范机制，全面地保护站点的安全，为站点提供了高性能、高可靠的安全保护机制。下面详细介绍网站卫士网页防篡改系统的技术特点和优势。

（1）技术先进，防篡改能力稳定可靠

采用最新的文件驱动防篡改技术，以及三维属性（IP 地址、进程、用户）细粒度配置篡改防护策略。通过 3 种属性的组合更细粒度地配置白名单策略，同时不占用带宽、不受断线影响。

（2）保护全面，可保护多种类型文件

即时内容恢复与实时动态攻击防护相结合，全面保护各类网页和网站数据安全，并具备 Web 服务器可用性监测。

（3）传输安全，实时守护网站发布过程

支持多 Web 服务器并行发布、断点续传、加密传输，并且同步端自带 HA 功能。

（4）配置灵活，操作简便

访问策略可以灵活配置，功能模块可以灵活组合，文件类型可按需添加，支持 IPv6。提供全中文操作界面、导航式安装提示，可大大缩短部署时间。

（5）系统兼容性强

支持各种操作系统，包括微软的 Windows Server 2003、Windows Server 2008、Windows Server 2008 R2、Windows Server 2012、Windows Server 2012 R2、Windows Server 2016、Windows Server 2019 等；以及 Linux 的 Red Hat、CentOS、SUSE、Ubuntu 等。

（6）安全合规

满足等级保护 2.0 关于网页防篡改的相关要求；满足《政府网站与政务新媒体检查指

标》中关于网页防篡改的相关指标。

（7）高效管理

将 Windows 服务器、Linux 服务器统一管理，采用统一配置策略，采用资产指纹与性能监控以便于服务器运维，安全高效。

（8）及时告警

支持邮件告警、syslog、短信告警、SNMP trap 等多种告警方式，使用户及时发现和处置问题。

本章小结

本章针对云应用安全特点及其发展趋势，重点分析了云应用面临的安全风险与挑战。针对云应用存在的安全风险，提供了云应用安全措施，主要从多个关键技术角度详细阐述，包括云应用生命周期安全管理、入侵检测技术、Web 应用防火墙技术、统一威胁管理技术。最后，以天池云安全管理平台为依托，讲解了云应用安全管理与防护的三大典型产品，并结合应用场景进行了安全实践。

课后思考

1. 请简述云应用的概念与安全特点。
2. 请简述云应用面临的安全风险。
3. 请简述入侵检测技术。
4. 请简述 Web 应用防火墙技术。

05

chapter

云计算平台安全

学习目标

1. 了解云计算平台的架构、特点
2. 理解云计算平台面临的安全风险
3. 掌握云计算平台物理安全防护的相关措施
4. 掌握云计算平台虚拟化安全防护的相关措施
5. 熟练掌握天池云计算平台安全原理与应用

云计算平台是整个云计算产业链发展的重要组成部分。云计算平台的安全与云计算产业链中其他组成部分有着密切的联系。由于云计算的服务模式和所采用的虚拟化技术不可避免地会给云计算平台带来一系列新的安全问题，因此本章将从物理设施、虚拟化技术、运维管理 3 个方面分析云计算平台存在的安全问题，并结合云计算平台的安全需求来讨论保证云计算平台安全的关键技术与措施。首先，介绍云计算平台的概念、体系架构及特点，包括物理安全和虚拟化安全两个方面。接着阐述云计算平台在 3 个方面存在的安全风险和挑战，并详细分析保证云计算平台安全的关键技术和安全措施。最后，讲解使用天池云安全管理平台实现安全防护与保障的原理及应用实践。

5.1 云计算平台安全概述

随着我国经济和科学技术的不断发展，云计算也有了长足的发展。云计算平台是基于云计算技术发展起来的，并被各大中企业所应用。云计算平台已成为互联网世界中最大的信息平台之一。建立安全的云计算平台，必须要有一个安全的架构来保证云计算平台的安全运行。本节主要从云计算平台基础架构、特点、安全风险等方面展开论述。

云计算服务的应用和数据都是建立在云计算平台基础之上的，确保云环境中用户数据和应用安全的基础是要保证服务的底层支撑体系，即云计算平台的安全。

云计算平台以高速以太网连接各种物理资源（如服务器、存储设备、网络设备等）和虚拟资源（如虚拟机、虚拟存储空间等）。其允许的增量远远超出典型的基础设施规模水平。其组件应该根据它们的能力来选择，以支持可伸缩性、高效性和提高安全性。其中虚拟基础设施资源是利用虚拟化技术构建的，建立于物理基础设施资源的基础之上，对内通过虚拟化技术对物理资源进行抽象，使内部流程自动化并对资源管理进行优化，对外则提供动态、灵活的资源服务。云计算平台整体架构如图 5-1 所示。

云计算平台安全主要包括云计算平台物理安全和云计算平台虚拟化安全两个方面，其中对于云计算平台虚拟化安全，将重点分析主机虚拟化安全和网络虚拟化安全。下面分别阐述它们的概念、特点、关键技术、优势等内容。

图 5-1　云计算平台整体架构

5.1.1　云计算平台物理安全

　　物理安全是信息系统安全的前提，它通过采取适当措施来减少人为或自然因素从物理层面对信息系统完整性、保密性、可用性带来的安全威胁，保证信息系统安全、可靠地运行。其中，硬件设备的安全直接决定了信息系统的完整性、保密性、可用性。

　　由于云计算信息系统结构的复杂性、软硬件的多样性、人员责任的多元性，从多个方面对物理设施进行安全部署，并对操作人员进行安全管理，以确保云计算信息系统的物理安全十分必要。

　　与传统信息系统所具备的特质一样，云计算物理安全体系也包括物理安全、设备安全、环境安全、介质安全 4 个方面，如图 5-2 所示。下面从这 4 个方面展开阐述云计算物理安全体系。

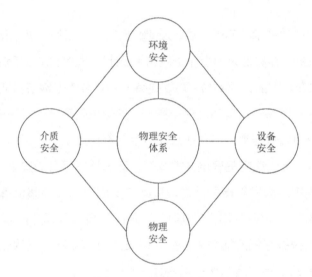

图 5-2　云计算物理安全体系

- 　物理安全：指对计算机设备、设施、环境、系统、人员等采取适当的安全措施，来保证信息系统安全和可靠，进而防止信息系统在对信息进行采集、处理、传输、存储过程中由于受到人为或自然因素的危害而造成信息丢失、泄露或破坏。

- 　设备安全：指对硬件设备及部件采取适当的安全措施，来保证信息系统安全、可靠地运行，降低或阻止人为或自然因素对硬件设备安全、可靠运行带来的安全风险。

- 　环境安全：指采取适当的措施对信息系统所处的环境进行严密保护和控制，提供安全、可靠的运行环境，从而降低或避免各种安全风险。

- 　介质安全：为了使信息系统的数据得到物理上的保护，采取适当的措施保证存储介质的安全，从而降低或避免数据存储的安全风险。

5.1.2　云计算平台虚拟化安全

　　虚拟化作为云计算的核心支撑技术被广泛应用于公有云、私有云和各种混合云中，是保障云计算平台能力的重要基础。由于虚拟化环境存在各种安全风险，为了保证虚拟化充分发挥其底层支撑作用，需要对云计算平台的虚拟化技术及其安全防护措施进行深入研究。

　　虚拟化是对计算机硬件资源抽象、综合的转换过程，在转换中资源自身没有发生变化，但简化了使用和管理方式。换句话说，虚拟化为计算资源、网络资源、存储资源及其他资源提供了逻辑视图，而非物理视图，云计算平台虚拟化结构如图 5-3 所示。云计算平台虚拟化的目的是对底层基础设施进行逻辑化抽象，从而简化云计算平台中资源的访问和管理过程。

图 5-3　云计算平台虚拟化结构

　　虚拟化提供的典型能力包括屏蔽物理硬件的复杂性，增加或集成新功能，仿真、整合或分解现有的服务功能等。虚拟化作用于物理资源的硬件实体之上，它按照应用系统的使用需求，实现一对多、多对一或多对多的虚拟化。

　　虚拟化作为云计算的关键技术，在提高云基础设施使用效率的同时，也带来了很多新问题，其中最大的问题就是虚拟化使许多传统安全防护手段不再有效。从技术层面来讲，云计算环境与传统信息系统环境的最大区别是云计算环境中的计算环境、网络环境、存储环境都是虚拟的，也正是这个特点导致虚拟化的安全问题异常棘手。首先，虚拟化的计算方式使应用进程间的相互影响更加难以控制；其次，虚拟化的网络结构使传统分域式防护变得难以实现；再者，虚拟化的存储方式使数据隔离与彻底清除变得难以实施；最后，虚拟化服务提供模式也增加了身份管理和访问控制的复杂性。虚拟化安全问题实际上反映了云计算在基础设施层面的大部分安全问题,因此虚拟化安全问题的解决将为云计算安全提供坚定可靠的基础。

从虚拟化的实现对象来看,主机、网络和存储的虚拟化面临的风险各不相同,接下来将从主机虚拟化和网络虚拟化两方面分析云计算平台的虚拟化安全。

1. 主机虚拟化安全

主机虚拟化作为一种虚拟化实现方案,旨在通过将主机资源分配到多台虚拟机,在同一企业级服务器上同时运行不同的操作系统,提高服务器的效率,减少服务器的数量。与传统服务器相比,主机虚拟化在降低成本、便于管理、提高效率和容灾备份等方面均具有明显的优势。通过主机虚拟化实现方案,企业能够极大地增强 IT 资源的灵活性,降低管理维护成本,提高运营效率。

主机虚拟化架构通常由物理主机硬件、物理硬件上的宿主主机、虚拟化层软件 VMM 和运行在虚拟化层上的虚拟机操作系统和应用程序组成,如图 5-4 所示。

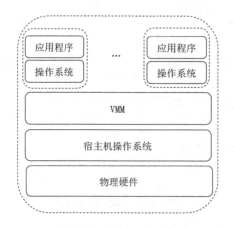

图 5-4 主机虚拟化架构

物理主机是由物理硬件(包括 CPU、内存、硬盘等)所组成的物理机器。虚拟化层软件又称作虚拟机监视器(Virtual Machine Monitor,VMM)或 Hypervisor,它主要用于调度和管理物理主机的硬件资源,并将其分配给虚拟机以及管理虚拟机与物理主机之间资源的访问和交互。虚拟机则是运行在虚拟化层软件之上的各个用户机操作系统,用户可以像使用真实计算机一样使用它们完成工作。对于虚拟机上的各个应用程序来说,虚拟机就是一台真正的计算机。

主机虚拟化带来便利的同时也带来了新的风险,主要体现在如何合理地分配一台物理主机的资源给多个虚拟机,如何确保多个虚拟机的运行不发生冲突,如何管理虚拟机及其资源以及如何使虚拟化系统不受硬件平台的限制等。这些与传统资源利用方式的不同点正是主机虚拟化技术的特性所在，同时也是服务器虚拟化（主机虚拟化在物理服务器上的实现）在实际环境中进行有效运用需要具备的特性，分别是多实例、隔离性、封装性和高性能。

- 多实例。多实例特性通过服务器虚拟化技术，实现了从"一台物理服务器一个操作系统实例"到"一台物理服务器多个操作系统实例"的转变。一台物理服务器可以支持多台虚拟机，也可以支持多个操作系统实例，这样就可以对服务器的物理资源进行逻辑整合，供多个虚拟机实例使用；亦可根据实际需要把处理器、内存等硬件资源动态分配给不同的虚拟机实例；还可以根据虚拟机实例的功能划分资源比例，对物理资源进行可控调配。与单主机、单操作系统的传统服务器管理模式相比，多实例特性既可以利用有限的资源进行最大化管理，也可以节省人力资源。

- 隔离性。虚拟机可以采用不同的操作系统，每台虚拟机都是完全独立的。当一台虚拟机出现问题时，这种隔离机制可以保障其他虚拟机不会受其影响，并且相关的数据、文档等信息不会丢失。这样既方便系统管理员对虚拟机进行管理，又能使虚拟机之间互不干扰、独立工作。

- 封装性。采用主机虚拟化后，每台虚拟机的运行环境与硬件无关。通过虚拟化进行硬件资源分配，每台虚拟机都是独立的个体，可以实现计算机的所有操作。封装使不同硬件间的数据迁移、存储、整合等变得易于实现。在同一台物理服务器上运行的多台虚拟机通过统一的逻辑资源管理接口来共用底层硬件资源，这样就可以将物理资源按照虚拟机不同的应用需求进行分配。将硬件封装为标准化的虚拟硬件设备，提供给虚拟机内的操作系统和应用程序使用，也可以保证虚拟机的兼容性。

- 高性能。主机虚拟化可以将主机划分为不同的虚拟管理区域。其中，虚拟化抽象层通过虚拟机监视器或虚拟化平台实现时会产生一定的开销，即主机虚拟化的性能损耗。为了保证主机虚拟化的高性能，需要将虚拟机监视器的开销控制在可承受的范围之内。

综上所述，虚拟化技术的多实例特性可使各种硬件资源被合理、高效地划分给不同的虚拟机；隔离特性可使多台不同虚拟机在同一台主机上互不影响计算效果；封装特性可使虚拟机更方便地迁移和备份；高性能特性可使主机虚拟化更高效、节能。

2. 网络虚拟化安全

众所周知，现有互联网架构具有很多难以解决的问题，包括无法解决网络性能和网络扩展性之间的矛盾，无法满足新兴网络技术和架构研究的需要，无法满足多样化业务发展、网络运营和社会需求可持续发展的需要等问题。为了解决这些问题，业界专家和研究者一直在进行各种尝试和探索，网络虚拟化技术应运而生。

网络虚拟化可以在底层物理网络和网络用户之间增加一个虚拟化层，对物理网络资源进行抽象，向上提供虚拟网络。对物理网络上承载的多个应用使用虚拟化分割功能，可以将物理网络虚拟化为多个逻辑网络，而这些逻辑网络可实现不同应用间的相互隔离。网络虚拟化技术还支持对承载上层应用的多个网络结点进行整合。通过整合，多个网络结点就被虚拟化成一台逻辑设备。对网络进行虚拟化可以获得更高的资源利用率，实现资源和业务的灵活配置，简化网络和业务管理并加快业务提供速度，更好地满足内容分发、移动性等业务需求。

网络设备与服务器不同，它们一般执行具有高 I/O 密度的任务，通过网络接口来传输大量数据，对专用硬件非常依赖。所有高速路由和数据包转发（包括加密和负载均衡）都依赖专用处理器。当网络设备是虚拟设备时，专用硬件就失效了，所有 I/O 任务都必须由通用的 CPU 来执行，这必然会导致 CPU 性能的显著下降。然而，在云计算环境中应用虚拟网络设备仍然具有不可替代的优势，它能够发挥众多作用，特别是能将不依靠专用硬件而执行大量 CPU 密集操作的设备虚拟化，例如，Web 应用防火墙和复杂的负载均衡设备。因此，本节主要针对服务器网络虚拟化技术进行介绍。

在云计算环境中所使用的虚拟机管理软件可以虚拟化网络接口，这意味着从网络设备到虚拟化硬件的每个 I/O 访问任务都必须经过一个拥有更高特权的软件（虚拟机管理器）进行环境转换，从而需要消耗大量 CPU 时间来转译所需完成的任务和待执行的指令。同时，虚拟机之间传输的数据必须在虚拟机管理器的地址空间中进行复制，这无疑会带来更多的延迟。为了减轻 CPU 的负担，可以用网卡虚拟化功能使多台虚拟机共享一块物理网络接口卡，帮助虚拟机快速访问网络，这样虚拟机的网络性能就获得极大提升。

由于一台服务器上可能会运行多台虚拟机，多台虚拟机之间需要虚拟以太网桥来实现数据交换。虚拟机管理器提供的虚拟交换机 vSwitch 即一种虚拟以太网桥。虚拟机管理器还为每个虚拟机创建一个虚拟网卡，对于在虚拟机管理器中运行的 vSwitch，每个虚拟机的虚拟网卡都对应 vSwitch 的一个逻辑端口，服务器的物理网卡对应 vSwitch 与外部物理交换机相连的端口。通过虚拟网卡进行报文收发的流程如下：在接收流程中，vSwitch 从物理网卡接收以太网报文，之后根据虚拟机管理器下发的虚拟机 MAC 与 vSwitch 逻辑端口的对应关系表（静态 MAC 表）来转发报文；在发送流程中，当报文目的 MAC 地址指向外部网络时，vSwitch 直接将报文从物理网卡发向外部网络，当报文目的 MAC 地址是连接在相同 vSwitch 上的虚拟机时，vSwitch 通过静态 MAC 表来转发报文。

vSwitch 具有较好的技术兼容性，但也面临着诸多问题，比如，vSwitch 占用过多 CPU 资源导致虚拟机性能下降，虚拟机间网络流量不易监管，虚拟机间网络访问控制策略不易实施，vSwitch 存在管理可扩展问题等。

5.1.3 云计算平台安全风险

　　云计算的成功得益于计算资源、存储资源和网络资源等基础硬件设施的有效利用。无论是服务的快速部署、资源的充分利用，还是计算能力的动态扩展，都归功于资源虚拟化。因此，云计算平台物理安全和虚拟化安全是云计算环境中用户数据和应用安全的基础。保证它们的安全，才是彻底解决云安全问题的关键。本节围绕云计算平台物理安全、云计算平台虚拟化安全和云计算平台运维安全存在的风险展开分析。

1. 云计算平台物理安全风险

　　云计算模式的成功依赖于强大、可靠的虚拟化和分布式计算技术，依赖于由计算资源、存储资源、网络资源等设备所构成的物理层。云计算平台物理设施包括从用户桌面到云计算服务器的实际链路的所有相关设备，云计算只有实现了物理设施的安全要素才能保证云计算平台全天候的可靠性。云计算平台的物理安全风险主要包括自然风险、运行风险和人员风险三大类安全风险，如图 5-5 所示。

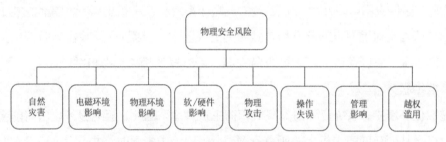

图 5-5　云计算平台物理安全风险

　　①自然风险。自然风险指由自然界中的不可抗力事件所造成的设备损毁、链路故障等使云计算服务部分或完全中断的情况，包括图 5-5 中的自然灾害、电磁环境影响。例如，地震、泥石流、台风等灾难性事件。自然风险给云计算基础设施带来重大损坏，并伴随用户数据的丢失，使应用系统在相当长时间内难以恢复正常运行。

　　②运行风险。运行风险指云计算平台基础设施在运行过程中，由间接原因或自身原因导致的安全问题，包括图 5-5 中的物理环境影响、软/硬件影响和物理攻击。如能源供应、冷却除尘、设备损耗等。运行风险造成的破坏没有自然风险造成的破坏严重，但如果缺乏良好的应对手段，则可能会产生灾难性后果，使云计算服务性能下降、应用中断、数据丢失。

　　③人员风险。人员风险指云服务商内部或外部人员通过无意或有意的行为对云计算环境造成的安全威胁。例如，图 5-5 中的操作失误、管理影响、越权滥用等。人员风险与物理风险、运行风险的主要区别在于人员造成的破坏可能不易被发现，其后果也不会及时显

现，但其影响会一直存在并成为系统的安全隐患。人员风险包括物理临近安全、员工误操作、社会工程学攻击等。

2. 云计算平台虚拟化安全风险

虚拟化为云计算平台带来了便捷的可扩展性，从而加强了云计算平台对外提供多租户云计算服务的能力，但同时虚拟化技术也引入了一些安全问题，给企业的安全防护和运维管理带来新的风险和问题。下面将从云计算平台虚拟化安全方面介绍它们面临的风险和挑战。

（1）虚拟机跳跃

虚拟机跳跃是指借助与目标虚拟机共享同一个物理硬件的其他虚拟服务器，对目标虚拟机实施攻击。如果两个虚拟机在同一台宿主机上，一个在虚拟机 A 上的攻击者通过获取虚拟机 B 的 IP 地址或通过获得宿主机本身的访问权限接入虚拟机 B，则攻击者可将虚拟机 B 由运行状态改为离线状态，造成通信中断。

（2）虚拟机逃逸

虚拟机逃逸是指虚拟机内的程序可能会"逃到"虚拟机以外，这种情况会危及主机的安全。虚拟机逃逸是一种应用，其中攻击者在允许操作系统与管理程序直接互动的虚拟机上运行代码。这种应用可以使攻击者进入主机操作系统和在主机上运行的其他虚拟机。虚拟机逃逸被认为是对虚拟机的安全最具威胁力的风险之一。因为一旦攻击者获得虚拟机监视器的访问权限，它就可以关闭虚拟机监视器，最终导致相关虚拟机关闭。

（3）拒绝服务

在虚拟化环境中，系统资源由虚拟机和宿主机共享。因此，拒绝服务攻击可能会被加载到虚拟机上从而获取宿主机上的所有资源。当用户请求资源时，由于宿主机没有可用资源，因此会造成系统拒绝来自用户的所有请求。可以通过正确的配置，防止虚拟机无节制地滥用资源，从而防御拒绝服务攻击。

（4）物理安全设备存在观测死角

虚拟机与外界存在数据交换时，在虚拟化环境中的数据流有两类：跨物理主机的虚拟机数据流和同一物理主机内部的虚拟机数据流。前者一般通过隧道或虚拟局域网（Virtual Local Area Network，VLAN）等模式进行传输，现有的 IDS/IPS 等安全设备需要在所有的传输路径上进行监控，后者只经过物理主机中的虚拟交换机，无法被实体安全设备监控到，成为整个安全系统的死角。攻击者可以在内部虚拟网络中发动任何攻击，且不会被安全设备所察觉。

（5）迁移攻击

虚拟机迁移分为静态迁移和动态迁移两种方式。静态迁移是指在迁出端将虚拟机域暂停并转化为虚拟机映像存放到文件系统，然后通过一定的方式（如借助可移动存储）将该虚拟机映像复制到迁入端的物理计算机上，最后通过虚拟机恢复机制，在迁入端将虚拟机映像恢复成虚拟机域。动态迁移是指迁入端虚拟机监视器通过与迁出端虚拟机监视器进行网络通信，先行复制迁出端虚拟机域的内存数据，然后迁出端停止被迁移虚拟机域工作，迁移运行中的各种环境数据，最后由迁入端恢复虚拟机域的运行。在多数情况下，迁移攻击主要是指虚拟机动态迁移攻击。在虚拟机动态迁移过程中，攻击者能够改变源配置文件和虚拟机的特性。一旦接触到虚拟硬盘，攻击者可攻破所有的安全措施，如密码。由于该虚拟机是实际虚拟机的副本，因此难以追踪攻击者的此类攻击。

（6）虚拟机之间的相互影响

虚拟机技术的主要特点是隔离，如果我们通过一台虚拟机去控制另一台虚拟机，安全漏洞就会出现。CPU 技术可以通过强制执行管理程序来保护内存，内存的管理程序应该是独立的，正确的规则应该禁止从正在使用的内存读取到另外一台虚拟机。也就是说，即使一台虚拟机有部分内存没有被使用，另一台虚拟机也不能使用这些闲置内存。对网络流量来说，每台虚拟机的连接都应该有专用的通道，虚拟机之间不能嗅探对方的数据包。但是，如果虚拟机平台使用了虚拟交换等技术来连接所有虚拟机，那么虚拟机可以进行嗅探，或者使用地址解析协议（Address Resolution Protocol，ARP）来重新定向数据包。

（7）宿主机与虚拟机之间的相互影响

宿主机对虚拟机来说，是一个控制者，宿主机负责虚拟机的检测、调试和通信，对宿主机的安全要更严格管理。依据虚拟机技术的不同，宿主机可能会在如下几个方面影响虚拟机：①启动、停止、暂停和重启虚拟机；②监控和配置虚拟机资源，包括 CPU、内存、硬盘和虚拟机的网络；③调整 CPU 数量、内存大小、硬盘数量和虚拟网络的接口数量；④监控虚拟机内运行的应用程序；⑤查看、复制和修改存储在虚拟机硬盘中的数据。由于所有网络数据都会通过宿主机发往虚拟机，因此宿主机能够监控所有虚拟机的网络数据。

（8）旁道攻击

随着多租户、多个组织共享一台物理服务器，云服务商能够以极低的价格出售他们的服务。相同的物理服务器上拥有多个用户的多个虚拟机实例，意味着除非一个组织特别要求物理隔离，否则其虚拟机实例可能会同竞争对手或恶意用户的虚拟机实例运行在同一台物理服务器上。旁道攻击者通过共享 CPU 和内存缓存来提取或推断敏感信息。由于旁道攻击的目标是共享一台物理机的虚拟机实例，因此，最终的解决办法是避免多租户。对此，云服务商可以为用户提供独占物理机的选项，而用户要为资源利用率的降低而增加开销。

3. 云计算平台运维安全风险

随着云计算平台被越来越多的企业认可和使用，大量用户开始在云计算平台上部署自己的应用，相比传统的 IT 运维，云计算平台运维存在更多的安全风险和挑战。

（1）来源身份定位难

每个管理人员都可以对主机资源进行运维操作，管理者无法确定是谁正在操作、是谁做了操作等。一旦发生事故，无法确定责任人。

（2）操作过程不透明

每天都有不同的人在操作和维护主机。但现状是无法得知运维人员在主机中具体做了什么操作以及是否做了违规操作和误操作，也无法实时监控外部人员的操作过程。

（3）系统账户共享

主机资源越多，系统账户也越多，而且一个主机可以支持很多的账户；一个账户可能被不同的人使用，一个人可以使用不同的账户，不同的人可以交叉使用不同的账户等。管理层无法集中梳理账户与自然人员的关系，甚至担心临时账户的存在可能会造成数据的泄露。

（4）运维工作效率低

随着主机账户数量的不断增加，密码的管理和修改也成为管理员的难题，他既要保证密码的复杂度，又要确保每隔一段时间就进行修改，而手动修改只会增加工作量。

主机类型增加造成了登录烦琐。例如，Linux/UNIX 需要使用字符用户端工具，Windows 需要使用远程桌面连接工具，Web 系统需要使用浏览器，数据库需要使用数据库用户端工具等。

（5）缺乏集中的控制手段

操作人员可能会因为无意操作造成数据丢失、业务故障等，黑客可能远程进入主机之后进行有意的数据窃取、数据篡改等。如果想要做精确控制，管理人员需要在很多主机中后执行各种精细化的策略才有可能控制无意或有意的错误操作。

5.2 云计算平台安全措施

在 5.1 节中我们详细分析了云计算平台面临的安全风险，包括云计算平台物理安全风险、云计算平台虚拟化安全风险和云计算平台运维安全风险，这些安全风险严重影响了云计算平台的正常运行和用户的使用体验。为了保障云计算平台及其应用数据的安全，本节将从物理安全、虚拟化安全和运维安全 3 个方面展开分析，以提供有效的安全措施和控制手段。

5.2.1 云计算平台物理安全措施

为了更好地降低云计算平台物理安全存在的风险，提供物理安全防护措施，本节围绕云物理设备安全、介质安全、云物理环境安全、云物理安全综合保障 4 个方面阐述云物理安全的应对策略和安全保障，健全云计算平台物理安全机制。

1．云物理设备安全

在云计算环境中，各种物理设备可能会受到不良环境、设备故障、供电异常、未授权访问等方面的威胁，使云服务商面临资产损失、损坏，敏感信息泄露或云运营中断的风险。因此，云计算信息系统设备安全应该考虑设备维护、电源保护及抗电磁干扰等方面的安全控制。图 5-6 列出了具体的安全措施。

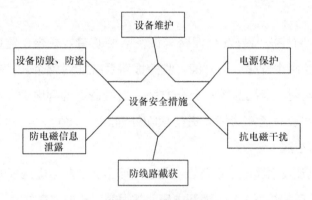

图 5-6　设备安全措施

在云计算平台中，构成信息系统的各种设备、供电连接、网络线路及其存储介质等都是物理设备安全保护的对象，其安全性直接决定了信息系统的保密性、完整性和可用性，所以保障物理设备的安全是保障云计算平台物理安全的基础。

（1）设备防线路截获

云计算信息系统的设备规模庞大，设备更新不仅会带来信息泄露的风险，还需要很高的人力和物力成本，因此对设备进行持续正确的维护至关重要。由于设备维护不当会引起设备故障，造成信息不可用甚至不完整，云计算平台维护人员应按照设备维护手册的要求对设备进行适当的维护，确保设备处于良好的工作状态。设备维护的相关措施包括：云计算平台维护人员应按照供应商推荐的保养时间间隔和规范进行设备保养；只有经过授权的维护人员才能维修和保养设备；维护人员必须具备一定的维修能力，并将所有可疑故障和实际发生的事故记录下来；当设备送外保养时，维护人员能够采取适当的方式防止敏感信息的泄露。

（2）设备防毁、防盗

对云计算信息系统来说，如果云存储服务器或网络设备被毁、被盗，造成的损失可能远远超过设备本身的损失。云计算信息系统规模庞大，其软、硬件设备上都存储着重要的用户数据和业务信息，而且某些设备可能是用来进行机密信息处理的，这类设备本身及其内部存储的信息都非常重要，一旦它们丢失或被盗，将产生极其严重的后果。因此，应对重要的设备和存储媒介采取严格的防毁、防盗措施。

- 设备标签。在需要保护的重要设备、存储媒介和硬件上贴上特殊标签（如磁性标签），当非法携带这些重要设备或物品外出时，检测器就会发出报警信号。

- 锁定装置。锁定装置可以是黏性物质，也可以是锁头或光纤电缆。既可以通过使用黏性物质将设备永久地固定在某个位置，也可以通过使用锁头将重要的云计算设备与固定底盘连接起来，还可以将每台重要的设备通过光纤电缆串联起来，这样如果光束传输受阻，则自动报警，这种方法不仅增强了保护的力度，也不影响设备的可移动性。

- 监控报警。监控报警是安全报警与设备监控的有效融合，监控报警系统包括安全报警和设备监控两个部分。一方面，监控报警系统能对整个云计算中心的外围环境、操作环境进行实时、全程监控；另一方面，当设备出现问题时，监控报警系统可以迅速发现问题，并及时通知责任人进行故障处理。

（3）设备防电磁泄露

由于计算机主机及其附属电子设备在工作时不可避免地产生电磁辐射，这些辐射可能会携带计算机正在处理的数据信息，因而电磁泄露很容易造成信息暴露。此外，电磁泄露极易对周围的电子设备形成电磁干扰，影响周围电子设备的正常工作。

虽然电磁泄露会形成干扰，但电磁信息泄露是可以防范的。针对云计算信息系统所使用的不同电子设备和云计算所占用的场地，采取相应的电磁防护措施，从而有效避免电磁信息泄露。从技术上来讲，目前常用的防护措施主要有以下几种。

- 干扰防护。干扰器是一种能发出电磁噪声的电子仪器。它通过增加电磁噪声降低电磁信息的总体信噪比，增大电磁信息被截获后破解、还原的难度，从而达到掩盖真实信息的目的。这是一种成本相对较低的防护手段，但防护的可靠性也相对较差。

- 软件防护。软件防护的原理是通过给视频字符添加高频噪声，并伴随发射伪字符，使窃听者无法通过电磁信息泄露渠道正确还原真实信息，而我们则可以在显示器等终端设备上正常显示信息，显示质量无变化。软件防护技术代替了过去的硬件，完成抑制干扰功能，使成本大幅降低。

- 隔离防护。隔离和合理布局均为减少电磁泄露的有效手段。隔离是指将信息系统中需要重点防护的设备从系统中分离出来进行特别防护，并切断其与系统中其他设备间电磁泄露的通路。合理布局是指以减少电磁泄露为原则，合理地放置信息系统中的有关设备，尽量增加涉密设备与非安全区域（公共场所）的距离。

2. 介质安全

在云计算信息系统中，常用的存储介质有硬盘、内存卡、记忆棒、光盘等，使用这些存储介质来存储、交换数据，极大地方便了云信息系统的数据转移和交换，同时也给云信息系统带来了很大的安全风险。

由此可见，信息存储介质的安全直接影响着云计算平台的安全和稳定。对云存储介质来说，既要保障介质本身的安全，也要保障介质数据安全，防止介质及其数据被非法窃取、篡改或破坏。

（1）介质安全管理

对介质进行安全管理是保护介质安全的有效措施之一，存储介质的管理措施包含以下几方面。

- 对于存放业务数据或程序的介质，必须注意防磁、防潮、防火、防盗，并且管理措施必须落实到人。
- 打印了业务数据或程序的打印纸，要作为档案进行管理。
- 对于超过数据保存期的介质，必须经过特殊的数据清除处理。
- 对于不能正常记录数据的介质，必须经过测试确认后销毁。
- 对于存放重要信息的介质，要备份两份并分两处保管。
- 对于硬盘上的数据，要建立有效的权限级别，必要时要对数据进行加密。
- 对于需要被删除和销毁的介质数据，应防止被非法复制。
- 对于需要长期保存的有效数据，应在介质的质量保证期内进行转存，转存时应保证内容正确。

（2）介质信息的备份

在云计算平台中，人工误操作、系统故障、软件缺陷、病毒等多种因素导致数据丢失，而重新生成丢失数据的成本又非常高，因此备份是云计算平台不可或缺的功能。容灾备份通过在同城或异地建立和维护备份存储系统，利用物理分离来保证系统和数据对灾难性事件的防御能力。

云计算提供实时的云计算服务，"两地三中心"的容灾备份模式更适用于云计算容灾备份中心的建设。对于同城容灾备份，需考虑数据中心的软/硬件设施、计算能力、技术能力是否满足云计算中心正常运营的需求。对于异地容灾备份，需要考虑距离云计算中心的远近，距离越远，系统恢复的实时性越差，管理成本越高。因此，需要综合考虑多方因素来构建异地容灾备份中心。

3. 云物理环境安全

物理环境安全是物理安全的基本保障，是整个安全系统不可缺少和忽视的组成部分。云计算环境安全要通过各种措施对云计算平台所处环境进行保护来实现，包括防火、防水、防静电、防雷击等措施。

（1）防火措施

防火措施对数据中心安全建设至关重要。在构建云计算数据中心时，防火部署一定要引起高度重视。在规划设计阶段一定要明确火灾产生的一般性原因，如人为事故、电气原因等，并遵守火灾预防、探测和扑灭方法等的国家和地方相关标准，具体的预防措施如下。

● 消防预警。云计算数据中心机房内应常备防火器材并保持良好运行状态。机房内不得随意安装液态灭火器来灭火，应按规定安装自动火警预警装置和气体类灭火器装置。机房装修应采用防火材料，安全通道要使用醒目的指示标记，并保持通道畅通。

● 供电需求。提供良好的供电方式和稳定的电压，并采取良好的接地措施，预防雷击等造成的火灾。

（2）防水措施

对云计算机房来说，水患是不容忽视的安全防护内容之一。水患轻则可造成机房设备受损，使用寿命减少，重则可造成机房运行瘫痪，正常营运中断，带来不可估量的经济损失。因此，云计算机房水患的防护是机房建设和日常营运管理的重要内容之一。机房的具体防水措施如下。

● 定期检查机房空调设备专用水源的密封性能，发现泄漏处应及时修理。

● 在机房内除安装空调设备用水源外，一般不得安装其他水源。

● 定期清除屋顶排雨水装置的堵塞物，保证排雨水管道畅通。

● 定期检查机房屋面有无渗水、漏水的情况。

● 采用现代化漏水检测系统，一旦发生漏水，及时报警、及时处理，避免造成水患。

（3）防静电措施

静电来源于屏蔽效果不好的电缆、温度过高的元件、不良的接地方法、走动的人体等。如果静电不能被及时释放，可能产生火花，造成火灾或损坏芯片等意外事故。为了有效防止静电，可采取以下具体措施。

● 机房一般要安装防静电地板。

- 放置电脑的桌子下必须铺上抗静电垫子。
- 机房内装修材料应采用乙烯材料，避免使用棉、毛等易产生静电的材料。
- 用抗静电溶剂拖洗地板。
- 插拔插件板时，工作人员应除去人体上的静电荷。

（4）防雷击措施

为了防止云计算数据中心遭受雷击破坏，需要对云计算数据中心采取必要的防雷击措施。机房防雷击措施分为直击雷防护措施和感应雷防护措施，其中，通过安装避雷针来防护直击雷，而对感应雷的防护措施相对比较复杂。

4. 云物理安全综合保障

为了保证云计算平台的安全，云物理安全综合保障措施起着十分重要的作用，主要包括安全区域划分、人员保障、云物理安全综合部署等方式。

（1）安全区域划分

安全区域是指需要云服务商进行保护的业务场所和包含被保护信息处理设施的物理区域，如系统机房、重要办公室整修工作区域。对于云计算中心的设施可能受到的非法物理访问、损坏、盗窃和泄密等威胁，可以通过建立安全区域等措施对重要的信息系统基础设施进行全面的物理保护。

在云计算平台中，划分安全区域是非常必要的，这不但可以提高平台的安全级别和安全防御能力，同时也节约了很多人力、物力成本，做到有针对性地保障平台的安全。对具有安全区域的平台来说，本文提供了 6 种较为常用的安全区域措施，如图 5-7 所示。

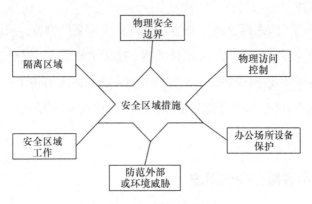

图 5-7　安全区域措施

首先，建立坚固的物理安全边界，通过建立如围墙、控制台、门锁等关卡构建安全边界，形成安全区域，以保护区域内的各种软、硬件设施的安全。然后，部署物理访问控制措施加以保护，确保只有经过授权的人员才能进入安全区域，物理访问控制措施包括钥匙与锁、围墙与门、警卫、电子监控、警报系统等。

此外，还需注意办公场所设备的保护。要参考相关安全法规，将关键设施放置在可避免公众访问的场地。防范外部或环境威胁也是我们需要关注的地方，危险及易燃材料应在安全区域安全距离以外的地方存放，以避免突发灾难对主场地产生破坏。在安全区域中所做的工作也必须严格控制，以保障安全区域的安全。

（2）人员保障

管理问题是保障信息系统安全中最核心的问题之一。人员是保障信息系统安全的关键因素。云计算信息系统所遭受的人为威胁可能来自内部人员、准内部人员、竞争对手、外部个人或小组、特殊身份人员等。

针对以上人为威胁，云服务商要加强对人员的安全管理。首先，详细了解具有云基础设施平台访问权限的内部人员信息；然后，坚持人员安全管理的原则，进行合理职责分配；同时，执行人员安全培训等有效措施，加强人员的安全保障。此外，云服务商还需明确，在对安全相关工作进行部署时，每项工作都必须有两人或多人在场，这样可以确保未经授权的事务不被误处理。另外，每个安全工作人员不能长期担任与安全有关的职务，这样可以保持该职务的竞争性和流动性。

（3）云物理安全综合部署

在云物理安全保障中存在着许多单独的安全元素，如环境考虑、访问控制、监测、人员识别、非法行为检测等，这些安全元素相互补充，构成多维度的分层防御体系，这些内容均在前文中进行了具体描述。在云计算环境中对物理设施和环境进行安全保护要结合上述元素进行多方面保护。

为了保障云计算平台的物理安全，根据云物理安全部署的维度，云计算环境进行了9个方面的安全综合部署，分别是电子运动传感器、持续录像监控、安全违反报警器、防地震服务器架、生物检测和进出传感器、不间断电源（Uninterruptible Power Supply，UPS）后备发电机、气体灭火系统、服务器操作监控和内部人员安全的管理。这9个方面的部署，能够保障云计算中心的物理安全。

5.2.2　云计算平台虚拟化安全措施

在5.1节中我们着重分析了云计算平台虚拟化面临的安全风险及挑战。为了全面应对虚拟化带来的安全挑战，保证云计算平台基础设施的安全，需要对宿主机、主机操作系统、虚拟机操作系统、Hypervisor及其应用程序制定全方位的安全措施。本小节将从不同层面有针对性地制定相应的安全措施，以保障云计算平台虚拟化的安全。

1. 宿主机安全措施

通过宿主机对虚拟机进行攻击具有极大的安全风险。一旦入侵者能够访问物理宿主机，就可以对虚拟机展开各种形式的攻击。利用宿主机攻击虚拟机的结构如图 5-8 所示。

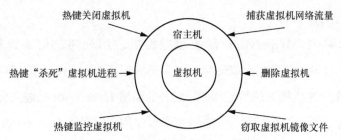

图 5-8　利用宿主机攻击虚拟机的结构

由图 5-8 可知，攻击者可以不用登录虚拟机系统而直接使用宿主机操作系统特定的热键来"杀死"虚拟机进程、监控虚拟机资源的使用情况或关闭虚拟机；也可以暴力地删除整个虚拟机或利用软驱、光驱、通用串行总线（Universal Serial Bus，USB）等窃取存储在宿主机操作系统中的虚拟机镜像文件；还可以在宿主机操作系统中使用网络嗅探工具捕获网卡中流入或流出的数据流量，进而通过分析和篡改达到窃取数据或破坏虚拟机通信的目的。

因此，保护宿主机安全是防止虚拟机遭受攻击的一个重要环节。目前，绝大多数传统的计算机系统都已经具备行之有效的安全技术，包括操作系统安全、入侵检测与防护、防火墙、访问控制、补丁更新、远程管理技术等方面，这些安全技术对虚拟系统仍是安全有效的保障，我们完全可以使用这些技术保护承载虚拟机的宿主机的安全。

以入侵检测为例，入侵检测技术是动态安全技术中的核心技术之一。该技术能够主动识别和响应主机中的入侵行为，对主机、网络和应用程序等进行全面、实时监控。在对宿主机进行安全防护方面，根据检测对象的不同可以部署不同类型的 IPS 以进行针对性的检测，如基于主机的入侵检测系统（Host-based Intrusion Detection System，HIDS）、基于网络的入侵检测系统（Network-based Intrusion Detection System，NIDS）等。

2. Hypervisor 安全措施

Hypervisor 是虚拟化平台的核心，它位于虚拟化架构的中间层，负责虚拟机的运行维护、资源分配等，同时为虚拟机提供基本硬件设施的虚拟和抽象，因此保证 Hypervisor 的安全性和可信性，对提高虚拟化平台的安全性具有十分重要的意义。目前，主流的虚拟化软件都出现了安全漏洞，比如 VMware、KVM、Xen 等，使 Hypervisor 的恶意攻击逐渐增加。同时，由于 Hypervisor 代码量的增加，其功能更加复杂，安全漏洞也随之增加。目前业界主要研究 Hypervisor 自身安全保障和 Hypervisor 安全防护能力。

（1）Hypervisor 自身安全保障

在保障 Hypervisor 自身安全方面，目前业界研究主要集中在两个方面，即构建轻量级 Hypervisor 和保护 Hypervisor 的完整性。

①构建轻量级 Hypervisor

在虚拟化体系中，Hypervisor 是上层虚拟机应用程序的可信计算基（Trusted Computing Base，TCB）的重要组成部分。如果无法保证 Hypervisor 的可信度，则运行应用程序的环境的安全性也将无法得到保障。此外，随着 Hypervisor 功能和体积的增大，可信度逐渐降低。为了解决这个问题，一些研究学者在构建轻量级 Hypervisor 方面取得了较好的成果，主要包含以下几个方面。

● 精简 Hypervisor 代码，优化代码质量，减少代码中存在的漏洞，并简化 Hypervisor 功能。

● 为虚拟机提供良好的隔离性，防止恶意虚拟机利用 Hypervisor 的漏洞威胁其他虚拟机。

● 增强虚拟机中 I/O 操作的安全性，I/O 操作虚拟机需要与外部设备进行交互，Hypervisor 需要对其进行模拟。如果模拟操作出现问题，则会影响整个平台上的所有虚拟机。

②保护 Hypervisor 的完整性

在 Hypervisor 自身安全保障中，另外一种重要的技术是利用可信计算技术对 Hypervisor 的完整性进行度量和报告，保证 Hypervisor 的可信度。可信计算技术中的完整性保护技术由完整性度量和完整性验证两部分组成。完整性度量过程中最重要的环节之一是可信链关系的构建，比如在系统启动时刻，从可信度量根开始，逐级度量硬件平台、操作系统、应用程序等。完整性验证是指对完整性度量结果进行数字签名后提供给远程验证方，远程验证方利用传递来的信息验证计算机系统的可信度。这种方式可以从根本上提高虚拟化平台的安全性和可信度，保护 Hypervisor 的完整性，确保 Hypervisor 安全、可信。

（2）Hypervisor 安全防护能力

通过构建轻量级的 Hypervisor 或利用可信计算技术保护 Hypervisor 完整性，但其技术实现的难度均比较大，有些技术甚至需要对 Hypervisor 进行修改，不适用于虚拟化大规模部署的环境。相比之下，利用一些传统的安全防护技术以提高 Hypervisor 的防御能力将更易实现。

①构建虚拟防火墙

虚拟机之间的流量在同一个虚拟交换机和端口组上传输时，网络流量不经过物理网络，只经过物理主机内部的虚拟网络。物理防火墙只能保护连接到物理网络中的服务器和设备，而虚拟网络流量在物理防火墙保护区域之外，因此物理防火墙难以保护使用虚拟流量通信的虚拟机。此问题可以通过结合使用虚拟防火墙和物理防火墙解决。利用虚拟防火墙可以查看虚拟网卡的网络流量，对虚拟机之间的虚拟网络流量进行监控、过滤和保护。

②主机资源合理分配

在云计算平台上，默认情况下，所有虚拟机向物理机提供的资源都有相同的使用权限。如果物理机没有对资源分配进行有效的管理，则某些虚拟机可能会占用过多资源，导致其他虚拟机资源匮乏，影响其他虚拟机正常运行。因此，监控 Hypervisor 分配的资源十分必要，主要采取以下两方面措施实现：一方面，通过有效的管理机制保证优先级高的虚拟机能够优先访问宿主机资源；另一方面，将主机资源划分为不同的资源池，使虚拟机只能使用所在资源池中的资源，降低资源抢占带来的风险。

③细粒度权限访问控制

当用户具有管理员权限时，可能会由于执行危险操作，如重新配置虚拟机、改变网络配置、窃取数据、改变其他用户权限等，威胁云计算平台的安全。因此，细粒度地分配用户权限，确保用户只能获取其所需要的权限，可以降低特权操作给 Hypervisor 带来的安全风险，这是一项十分有必要的安全措施。

3. 虚拟机隔离措施

在虚拟化技术出现之前，机器之间的隔离属于物理隔离，即每台计算机都拥有自己的硬件设备，互不干扰。在这种情况下，计算机之间的访问只能通过网络实现，安全防护措施主要集中在网络层面。随着虚拟化技术的出现，特别是近几年发展势头迅猛的云计算平台应用虚拟化技术出现后，一个物理节点可以部署上百台或更多虚拟机，这些虚拟机使用的都是由 Hypervisor 提供的虚拟资源，而真正的硬件资源则由所有的虚拟机共享使用。因此，一台虚拟机可能通过某种方式访问本来属于另一台虚拟机的资源，从而给云租户带来安全威胁，如图 5-9 所示。

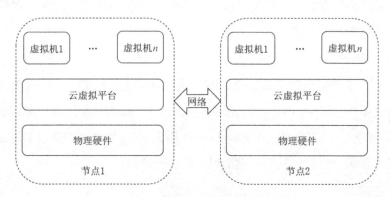

图 5-9　虚拟机之间的交互方式

综上所述，虚拟机之间的隔离显得尤为重要。虚拟机之间的隔离根据它们是否位于同一节点可分为同一宿主机的虚拟机之间的隔离和不同宿主机的虚拟机之间的隔离两种情况。

（1）同一宿主机的虚拟机之间的隔离

虚拟机对宿主机而言是一个普通的进程，Hypervisor 保证每一个进程都有自己独立的虚拟地址空间，不同进程的虚拟地址空间互不干扰，从而保证虚拟机之间不会相互影响。但是，如果恶意用户利用 Hypervisor 的漏洞突破逻辑隔离的限制，那么它仍然可以访问不属于自己的资源。可以通过 Hypervisor 安全机制来保证 Hypervisor 的安全，确保 Hypervisor 提供的安全隔离机制正常运行。

（2）不同宿主机的虚拟机之间的隔离

不同宿主机的虚拟机之间的隔离实际上就是物理主机之间的隔离，这种隔离其实就是传统的物理隔离。由于虚拟机之间的访问必须要通过网络，因此一般会采取划分 VLAN、设立防火墙等技术保证虚拟机之间的隔离。

4. 虚拟机安全监控

自云计算诞生以来，虚拟机监控一直是一个热门的话题。从云服务商的角度来看，他们要尽可能多地获取关于虚拟机运行状态的信息，从而保证每一台虚拟机健康运行，继而保证整个云计算平台的安全、可靠。从使用者的角度来看，他们也需要了解自己虚拟机的运行状态。因此，必须对虚拟机安全状态进行监控。下面将介绍当前云计算平台上虚拟机监控的相关技术。

（1）安全监控架构

根据研究学者针对虚拟机安全监控架构的研究成果可知，目前，存在两种主流的虚拟机安全监控架构：一种是基于虚拟机自省技术的监控架构，即将监控模块放在 Hypervisor 中，通过虚拟机自省技术对其他虚拟机进行检测；另一种是基于虚拟机的主动安全监控架构，它通过在被监控的虚拟机中插入一些钩子函数，截获系统状态的改变，并跳转到单独的安全虚拟机中进行监控管理。

（2）安全监控分类

从虚拟机安全监护实现的角度来看，基于虚拟化安全监控的相关研究可以分为两大类，即内部监控和外部监控。内部监控通过在虚拟机中加载内核模块来拦截目标虚拟机的内部事件，而内核模块的安全通过 Hypervisor 来进行保护。外部监控通过 Hypervisor 对目标虚拟机中的事件进行拦截，从而在虚拟机外部进行检测。

• 内部监控

基于虚拟化的内部监控模型的典型代表系统是 Lares 和用户标志模块（Subscriber

Identify Module，SIM)。Lares 内部监控系统的架构如图 5-10 所示。

在 Lares 内部监控系统的架构中，安全工具部署在一个隔离的虚拟机中，该虚拟机所在的环境在理论上被认为是安全的，称为安全域，如 Xen 的管理虚拟机。被监控的用户操作系统运行在目标虚拟机内，同时该目标虚拟机中会部署一种至关重要的工具——钩子函数。钩子函数用于拦截某些事件，如进程创建、文件读写等。由于用户操作系统不可信，因此这些钩子函数需要得到特殊的保护。这些钩子函数在加载到用户操作系统时，向 Hypervisor 通知其占据的内存空间，使 Hypervisor 中的内存保护模块能够根据钩子函数所在的内存页面对其进行保护。Hypervisor 中还有一个跳转模块，作为目标虚拟机和安全域之间通信的桥梁。为了防止恶意攻击者篡改，钩子函数和跳转模块必须是自包含的，不能调用内核的其他函数，同时它们都必须很简单，可以方便地被内存保护模块所保护。

利用该架构进行一次事件拦截响应的过程为：当钩子函数探测到目标虚拟机中发生了某些事件时，它会主动"陷入"Hypervisor 中，通过 Hypervisor 中的跳转模块，将目标虚拟机中发生的事件传递给安全域中的安全驱动，进而传递给安全工具，安全工具根据发生事件执行某种安全策略，产生响应，并将响应发送给安全驱动，从而对目标虚拟机中的事件进行响应。

这种架构的优势在于，事件截获在虚拟机中实现，而且可以直接获取操作系统的语义，减少了性能开销。然而，这种方式也存在不足。一方面，它需要在用户操作系统中插入内核模块，造成对目标虚拟机的监控不具有透明性，钩子函数也需要 Hypervisor 提供足够的保护以防止用户机修改。另一方面，内存保护模块和跳转模块与目标虚拟机的操作系统类型以及版本是紧密相关的，不具有通用性。这些不足限制了内部监控架构的进一步研究和使用。

- 外部监控

基于虚拟化的外部监控模型的典型代表是 Liveware。Liveware 外部监控系统的架构如图 5-11 所示。

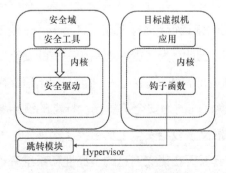

图 5-10　Lares 内部监控系统的架构

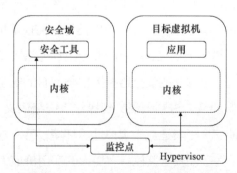

图 5-11　Liveware 外部监控系统的架构

对比图 5-10 和图 5-11 可以看出，外部监控系统的架构中安全工具和用户操作系统的部署和内部监控系统的架构中相同，分别位于两个彼此隔离的虚拟机中，提高了安全工具的安全性。与内部监控系统的架构不同的是，外部监控系统的架构的监控点部署在 Hypervisor 中，它不仅是安全域中的安全工具和目标虚拟机之间通信的桥梁，还可将目标虚拟机中发生的事件重构出高级语义，然后将其传递给目标虚拟机。由于 Hypervisor 位于目标虚拟机的底层，监控点可以观测到目标虚拟机的状态（如 CPU、内存等的状态），故在 Hypervisor 的辅助下，安全工具能够对目标虚拟机进行检测。

根据上述事件拦截响应过程可知，外部监控必须包含两种基本功能：事件拦截和语义重构。事件拦截是指拦截虚拟机中发生的某些事件，从而触发安全工具对其进行检测。语义重构是指由低级语义（二进制级语义）重构出高级语义（操作系统级语义）。由于 Hypervisor 使用目标虚拟机的语义，因此其与监控工具之间存在语义鸿沟。为了使监控工具能够理解目标虚拟机中的事件，必须对其进行语义重构。语义重构的过程与用户操作系统的类型和版本密切相关。

由此可见，现有的工作多集中在利用 Hypervisor 来保护目标虚拟机中的钩子函数或从目标虚拟机外部查看内部状态，虽然这两种监控方式都能很好地实现虚拟机的安全监控，但仍存在一些不足，主要体现在以下两个方面。

（1）通用性问题

在云计算环境中，单个物理节点上会同时运行多台虚拟机，并且虚拟机中的用户操作系统是多种多样的，如 Linux 服务器、Windows 服务器等，监控工具需要对不同类型的虚拟机进行有效的监控。然而，目前所有的监控工具都针对特定类型的用户操作系统实现特定的安全功能，当在某个物理统一点上创建一台新的虚拟机，或者从另外一个物理节点上迁移新的虚拟机时，特定的监控工具就会失效。因此，现有的监控工具不能满足监控通用性的要求，构建通用的安全监控机制十分必要。

（2）虚拟机监控与现有安全工具融合的问题

在传统环境下，为了提高计算系统的安全性，研究者开发了大量的安全工具。在虚拟化环境下基于 Hypervisor 可以更好地监控虚拟机的内部运行状态。然而，Hypervisor 使用的是二进制级语义，传统的安全工具无法直接使用。因此，为了更好地利用已有的安全工具，基于虚拟化的安全监控需要与现有的安全工具进行有效的融合。一方面，利用语义恢复来实现从二进制级语义到操作系统级语义的转换，同时为安全工具提供标准的调用接口，使安全工具适应于虚拟计算环境；另一方面，语义恢复给安全工具带来了额外的性能开销，为了使安全监控具有更大的实用价值，研究者需要在语义信息的全面性和系统开销的合理性之间进行综合权衡。

5.2.3　云计算平台运维安全措施

　　为了更好地保证云计算平台的安全，除了在云计算平台物理和虚拟化方面提供有效的安全措施，还需要从运维层面制定相关的安全措施。本节将从资源管理、自动化运维、监控技术和运维人员技术能力这几个方面有针对性地制定相应的安全措施，以保障云计算平台在运维方面的安全。

1.　资源管理

　　在云计算平台中，所有技术均是围绕如何提供资源、组织资源、管理资源而开展的，资源在云计算平台中既是所有技术的基础，也是提供服务的终极目标。在云计算平台中，资源按照类型可分为物理资源和虚拟资源，按照其组成形式可分为单个资源和资源池。

　　对资源和资源池进行有效管理是云计算平台运维管理的重点工作。对资源进行管理，需要能够实现资源识别、资源录入、资源维护、资源分配、资源优化等功能。例如，能将新的物理资源添加到云计算平台中，并且云计算平台能够识别出设备的基本信息；能够创建新的虚拟资源，根据需求对虚拟资源进行定义等；同时，维护人员能够对各种资源进行启动、关闭、迁移等维护性操作，也能够对资源进行分配，为用户提供资源服务。对资源池进行管理，包括创建资源池、资源池维护、资源池展示等功能。例如，能创建特定的资源池以满足新的业务需求；能对资源池进行调整，并且云计算平台能够清晰地展现资源池所包含的资源的信息、状态等内容。

2.　自动化运维

　　云计算平台中设备规模巨大，想要对如此大规模的设备和虚拟机进行高效的运行维护，自动化运维技术显得尤为重要。企业需要建立自动化运维体系，通过自动化运维工具完成大部分运维工作，解放传统系统运维模式下运维人员手动巡检等重复性操作，从而减少运维人员的数量，节省人工成本。

　　云计算平台运维中，自动化运维需解决的基本问题应该是如何降低重复性、周期性的人工操作，如何通过运维工具自动化、批量化完成各种工作。如日常巡检工作，运维人员可以通过自动化运维工具设置定时任务，对巡检对象进行批量化操作，并在任务结束后对巡检结果进行过滤，将问题反映出来，同时可根据维护需要形成专门的数据报告文档，以便对云计算平台设备的运行情况进行更好地分析。而其他维护操作，如变更云计算平台中系统的配置参数，自动化运维工具要能够满足批量化修改的需求，减少重复性操作。在解决自动化运维的基本问题后，更高级别的自动化运维需要自动化运维工具能够通过历史数据的累积，对数据进行挖掘分析，预判云计算平台的运行情况，预估云计算平台业务量对硬件资源的需求并预判硬件资源的故障情况等。

3. 监控技术

云计算平台中资源规模十分庞大，运维人员想要时刻掌握各种资源的运行状况，单靠人工的方法显然行不通，需要借助监控手段。在云计算平台中，对资源的监控内容主要有3个方面：一是云计算平台中物理资源的情况；二是各种资源的性能指标；三是资源容量。

云计算平台的建设初衷是采用大量的 PC 组建资源池来提供服务，由于设备规模庞大，硬件损坏时有发生，维护人员通过监控技术能实时地掌握平台中物理资源的运行情况，在硬件故障发生时能准确地对故障进行定位，更好地对物理资源池进行维护。

在云计算平台中需对各种资源的性能指标进行监控。云计算平台使用迁移技术，如监控到某台物理机的性能较差，为避免影响其承载的虚拟机业务，可将虚拟机迁移到其他性能较好的物理机上，以调节云计算平台资源的平衡；如监控到某台虚拟机性能较差，可动态调整虚拟机资源的设定值，满足其业务需求。

云计算平台中对各种资源容量的监控尤为重要。由于虚拟机并非在创建时便一次性将其设定的各项资源值完全分配，而是随着虚拟机的运行，动态地将资源逐步分配给虚拟机，这就需要对各种资源容量进行监控。如对物理存储资源容量的监控，当物理存储空间使用率达到告警值时，需及时对存储空间进行扩容操作，避免虚拟机因业务增长而占满整个物理存储空间，导致虚拟机发生崩溃的情况；对 CPU、内存、网络等资源容量进行监控，使维护人员能够对资源池的负载情况进行判断分析，以确定现有资源能否满足业务发展需求。

4. 运维人员技术能力

为保证云计算平台能够良好运行，除了使用自动化运维工具和监控技术，更重要的是拥有高效的运维团队和具备良好技能的运维人员。云计算平台运维人员的主要工作有：对资源申请进行评估；对资源产品、资源、资源池进行管理；维护整个平台的稳定运行；维修平台中的物理设备；维护虚拟机操作系统；进行权限管理等。这不仅需要运维人员熟悉硬件、操作系统等方面的运维管理技术，还需要运维人员重点掌握云计算平台所涉及的相关虚拟化技术。虽然虚拟化层运行相对稳定，但由于云计算平台中虚拟化技术占据核心地位，运维人员需要具备较高的虚拟化软件技术能力，一旦虚拟化层出现问题，他们能够及时做出响应，避免因虚拟化、集中化而引起平台大规模故障的发生。

此外，在掌握虚拟化软件、硬件、操作系统等运维管理技术的同时，运维人员需要具备灵活使用一两种脚本语言的能力。由于云计算平台的设备规模大，自动化运维工具虽然必不可少，但如果自动化运维工具不能满足全部的维护需求或某项特殊的运维工作的需求时，运维人员能够自如地使用脚本语言进行批量化维护工作将成为较好的补充措施。

5.3 云计算平台安全实践

本节以天池云安全管理平台为依托,深入剖析天池云安全管理平台在云主机及网络安全方面的防护措施和应用实践,主要包括天池主机安全及管理系统、天池安全网关,以及天池云堡垒机三大典型系统的体系结构、主要功能、技术优势、应用场景。

5.3.1 天池主机安全及管理系统

天池主机安全及管理系统是一款集成了丰富的系统防护与加固、网络防护与加固等功能的主机安全产品。天池主机安全及管理系统通过自主研发的文件诱饵引擎,获得业界领先的勒索专防专杀能力;拥有补丁修复、外设管控、文件审计、违规外联检测与阻断等主机安全能力。目前天池主机安全及管理系统广泛应用在服务器、桌面 PC、虚拟机、工控系统、国产操作系统等各个系统,并应用于政府、金融、运营商、公安、电力能源、税务、工商、社保、交通、卫生、教育、电子商务等行业。天池主机安全及管理系统的体系结构如图 5-12 所示。

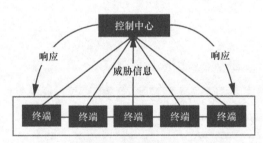

图 5-12 天池主机安全及管理系统的体系结构

天池主机安全及管理系统主要从主机防护和网络防护两大方面进行安全防御管理与控制,可以实现可视化集中管控,有效保护云计算平台的安全。其中,主机防护功能包括病毒查杀、漏洞管理、登录防护、进程防护、文件访问控制等;网络防护功能包括微隔离、防端口扫描、违规外联防护等。除此之外,该系统还包括资产指纹、流量画像、外设管理等功能。

1. 病毒查杀

病毒查杀功能采用自主研发的免疫引擎,通过强制访问控制技术免疫 WannaMine1.0/2.0/3.0 等免杀病毒,支持多种压缩包、自解压包、文档、媒体文件、加密脚本、电子邮件、邮箱文件的病毒查杀,支持强力查杀功能、病毒感染文件修复等,如图 5-13 所示。

图 5-13　病毒查杀

2．漏洞管理

漏洞管理功能采用漏洞库进行检测，可精确、快速根据不同的操作系统定位到未安装的补丁，支持离线安装补丁；依靠管理平台的推送功能，可将漏洞库文件推送到终端上安装最新补丁，免受黑客攻击，如图 5-14 所示。

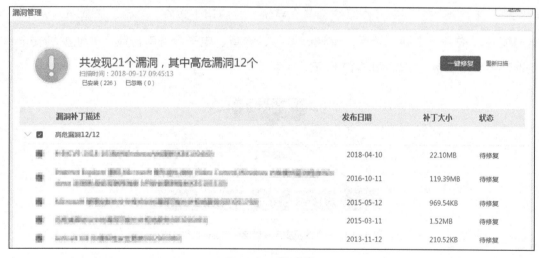

图 5-14　漏洞管理

3．登录防护

登录防护可对系统账户登录进行细粒度的精准访问控制，支持对多个访问来源、访问时间的配置，支持弱口令检测，并能实时阻断非法登录。触发登录防护后，系统自动联动添加微隔离规则。登录防护功能界面如图 5-15 所示。

4．进程防护

进程防护是进程启动时的主动防御机制，在进程启动、文件创建时自动触发，阻断恶意程序运行。系统开启进程白名单，通过配置进程白名单，只允许受信任的进程启动，对其他进程可以进行仅记录、阻断并记录两种设置，如图 5-16 所示。

图 5-15　登录防护功能界面

图 5-16　进程防护

5. 文件访问控制

文件访问控制是指监控目标文件或目录的改写操作，如图 5-17 所示。

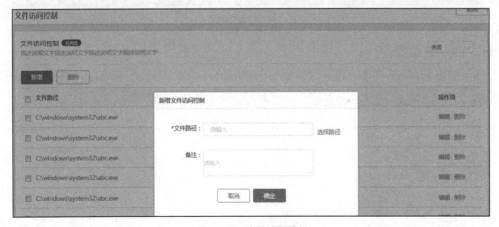

图 5-17　文件访问控制

6. 微隔离

微隔离采用内核级网络防火墙技术，对不同的业务之间的流量进行精准识别，针对非法流量可以精准阻断，该功能广泛应用在云数据中心。使用快捷操作时只需直接输入需要关闭的端口或需要屏蔽的恶意 IP 地址，可自动生成隔离规则，如图 5-18 所示。

图 5-18　微隔离

7. 防端口扫描

为了防止对终端服务器上的端口进行恶意探测，若某个 IP 地址在指定时间内对某个端口进行探测的次数超过设置次数，则对恶意探测 IP 地址进行锁定，防止其对终端服务器执行下一步的恶意行为。用户可以查看已临时锁定的 IP 地址清单，如图 5-19 所示。

图 5-19　防端口扫描

8. 违规外联防护

开启违规外联防护功能，配置 IP 地址白名单，对除 IP 地址白名单以外的 IP 地址进行实时阻断或仅记录，如图 5-20 所示。

图 5-20　违规外联防护

9. 资产指纹

对终端服务器进行详细信息展示，包括网络信息、环境信息、监听端口、运行进程、账号信息、软件信息等，如图 5-21 所示。

图 5-21 资产指纹

10. 流量画像

流量画像通过绘制内网全景流量图展示内网主机间的通信关系和内网主机对外通信情况，发现威胁后可对主机间通信进行一键阻断。

流量画像功能首页展示全景流量图，可按 Windows 服务器、Linux 服务器、PC 这 3 类进行过滤、查看。通过自定义模板，可按通信时间、资产分组、资产标签、端口、资产名称、资产 IP 地址进行过滤、查看，可无遗漏查看内网主机通信情况，如图 5-22 所示。

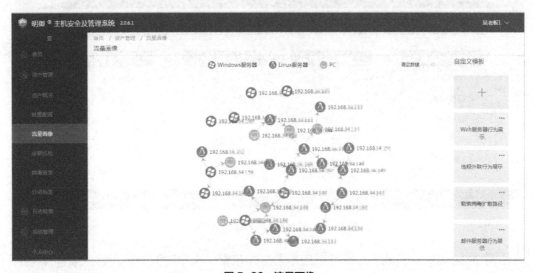

图 5-22 流量画像

11. 外设管理

监控外设的插入与拔出，控制外设的权限，包括禁用、只读、放行，对外设在文件中的操作进行审计，如图 5-23 所示。

图 5-23　外设管理

5.3.2　天池安全网关

天池安全网关（DAS-Gateway）是秉持安全可视、简单有效的理念，以资产为视角，构建全流程防御的下一代安全防护体系，是融合传统防火墙、入侵防御、病毒防护、上网行为管控、VPN、威胁情报等安全模块于一体的智慧化安全网关。同时它采用先进的高性能多核架构，搭载接口丰富的硬件平台，结合智能路由等全面的网络层支撑以及双机热备，保障业务处理高效、可靠，场景支撑灵活、全面。天池安全网关的体系结构如图 5-24 所示。

图 5-24　天池安全网关的体系结构

由图 5-24 可知，天池安全网关采用事前感知预警、事中防护响应、事后取证优化的全流程闭环防护体系（见表 5-1），并结合持续监测分析，帮助企业大幅度降低安全事件产生的不良影响。

表 5-1　天池安全网关全流程闭环防护体系

防护阶段	策略说明
事前感知预警	①以资产管理为基础，进行安全分析和防护； ②弱密码检测； ③事前访问控制策略分析，在单机防火墙层面不断缩小攻击面，提升防火墙防御能力； ④实现精准的动态防御，达到"未攻先防"的效果，实现从传统"静态被动防御"到"动态积极防御"的转变升级
事中防护响应	①L2～L4 防护； ②入侵检测、入侵防护； ③病毒查杀全、检测深、识别准，病毒防护能力强； ④推动组织快速发现内网未知威胁、0day 攻击等，结合威胁情报提供的丰富上下文信息，快速进行攻击检测和响应； ⑤通过对内部网络终端或者服务器的外联行为进行识别，设定允许终端或者服务器外联的地址、外联地址的服务及端口来定义正常外联行为，定义的正常外联行为之外的所有外联行为全部作为非法外联行为
事后取证优化	①事后采取全局策略分析检查，以图形化的方式展示分析结果； ②通过攻击链分析安全威胁事件和日志，实现全网/单资产的风险识别，实现攻击源可视化； ③所有安全事件日志按攻防逻辑编排成日志报表，让用户一目了然地进行安全事件回溯分析； ④用户关联分析，抓包取证，形成"日志跟踪轨迹"，方便对网络中主体的"人"进行风险控制和业务优化

　　天池安全网关采用一体化安全策略，针对应用、URL、入侵防御、病毒查杀等内容进行统一管控，使用方便，维护简单。同时支持多种部署方式和丰富的路由协议，可以灵活部署在用户网络中，满足用户绝大部分场景下的路由功能的需求。天池安全网关在安全防护方面存在着如下几方面的特点。

1．资产风险识别、安全防护无死角

　　天池安全网关采用主动扫描和监控主机流量的方式，识别网络中的资产信息。以资产管理为视角对各种安全事件进行关联分析统计，便于管理员定位风险主机，并根据关联的威胁事件进行针对性防护。

2. 精确分析，策略管理更简单

天池安全网关通过策略分析引擎梳理问题，计算策略精确度，给出策略调整建议。让每一条策略直观、可视，更易于使用、管理和维护。

3. 得到全网威胁情报，未知风险可防护

天池安全网关基于大数据关联分析得到的威胁情报，可以推动组织快速发现内网未知威胁、0day 攻击等，准确发现内部失陷主机，结合威胁情报提供的丰富上下文信息，帮助组织提前做好安全防范、快速进行攻击检测与响应。

4. 攻击链分析，事后回溯更清晰

天池安全网关通过对检测出的威胁时间日志进行整理、汇总、分析，以攻击链的形式可视化展示攻击者的入侵路径、入侵程度等，精确、简单、统一、有效，便于管理员对内部网络进行分析，对攻击者进行取证溯源。

5.3.3 天池云堡垒机

天池云堡垒机是安恒信息公司在多年运维安全管理的理论和实践经验积累的基础上研发的，它满足各类规则（如网络安全法、等级保护、ISO/IEC 27001、SOX 法案、行业要求、运维安全等）对运维审计的要求，采用 B/S 架构，集 4 "A"于一体，支持多种字符终端协议、文件传输协议、图形终端协议、远程应用协议的安全监控与历史查询，具备全方位运维风险控制能力，实现统一安全管理与审计功能，其架构如图 5-25 所示。

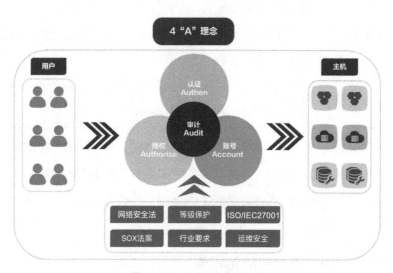

图 5-25 天池云堡垒机架构

天池云堡垒机的主要功能包括用户分权、集中授权、单点登录、统一审计、自动运维、命令控制、工单流程、系统自审、自动修改密码等。

1. 用户分权

支持多种用户角色，如超级管理员、部门管理员、运维管理员、审计管理员、运维员、审计员、系统管理员、密码管理员等，每种用户角色的权限都不同，为用户设立不同的角色提供了选择，并且满足用户分权的合规要求。

2. 集中授权

通过集中授权，帮助用户梳理用户与主机之间的关系，并且提供一对一、一对多、多对一、多对多的灵活授权模式。

3. 单点登录

云堡垒机支持托管主机的账户和密码，运维人员直接单击"登录"按钮即可成功自动登录到目标主机中进行运维操作，无须输入主机的账户和密码。

4. 统一审计

云堡垒机对所有的操作进行详细记录，并提供综合查询功能；审计日志可以在线播放也可以离线播放，所有的审计日志支持自动备份和自动归档。

5. 自动运维

对运维人员来说，需要定期手动执行命令；对网管人员来说，需要定期手动备份网络设备的配置信息。通过天池云堡垒机的自动化运维功能，实现自动化的运维任务并将执行结果通知给相关人员。

6. 命令控制

云堡垒机提供了集中的命令控制策略功能，实现基于不同的主机、不同的用户设置不同的命令控制策略，策略提供命令阻断、命令黑名单、命令白名单、命令审核4种动作条件。

7. 工单流程

操作人员向管理员申请需要访问的设备，申请时可以选择设备IP地址、设备账户、运维有效期、备注事由等，并且运维工单将以邮件方式通知给管理员。管理员对运维工单进行审核之后以邮件方式通知给运维人员，如果允许，则运维人员才可访问，否则无法访问。

8. 系统自审

云堡垒机作为审计类产品，不仅要实现对操作行为进行审计，还要做到对系统自身变化信息进行审计，并且形成系统报表。

9. 自动修改密码

云堡垒机提供了对主流服务器（包括 Windows 服务器、Linux 服务器及 UNIX 服务器等）、防火墙、交换机、网络设备的自动修改密码功能，实现定期密码更新，避免密码外泄带来的运维安全风险。

天池云堡垒机实现了集中管理、集中权限分配与集中审计、统一认证、风险管控、合规运维等功能，达到高效运维的目的，保证了平台和数据的安全。天池云堡垒机具有如下几方面的特点。

（1）支持手机 App、动态令牌等多种双因子认证

为了提高来源身份的可靠性，防止身份冒用，云堡垒机提供了以下认证方式：①内置手机 App 认证（谷歌动态口令验证）、一次性密码（One Time Password，OTP）动态令牌、USB Key 双因素认证引擎；②提供短信认证、活动目录（Active Directory，AD）、LDAP、Radius 认证的接口；③支持多种认证方式同时使用。多种认证方式组合使用。

（2）覆盖几乎所有的运维协议，让运维安全无死角

支持管理 Linux/UNIX 服务器、Windows 服务器、网络设备（如思科、新华三、华为等的设备）、文件服务器、Web 系统、数据库服务器、虚拟服务器、远程管理服务器等。云堡垒机兼容的运维协议更全面，可实现"统一管理"的功能。

（3）运维方式丰富多样，适用自动化运维等复杂场景

云堡垒机适应不同运维人员的运维习惯，兼容多种用户端工具（如 Xshell、SecureCRT、mstsc、VNC Viewer、PuTTY、WinSCP、FlashFXP、SecureFX、OpenSSH 等），拥有更加灵活的运维方式。

（4）浏览器用户端运维

基于 H5 技术，实现浏览器用户端运维，无须安装本地工具，直接支持浏览器打开运维界面操作，支持 SSH、Telnet、rlogin、RDP、虚拟网络控制台（Virtual Network Console，VNC）协议的 Web 用户端运维。

（5）自动学习、自动授权，大大减少管理员的配置工作

运维人员只需通过云堡垒机成功登录一次目标主机即可自动录入主机信息，大大减轻了管理员配置主机信息、用户与主机关系的工作量。

（6）灵活、可靠的自动改密功能，保障密码安全

对运维人员来说，修改主机的密码和记住主机的密码是最重要的任务之一。一旦发生密码遗失和泄露，带来的风险无法估量。云堡垒机提供了完善的自动改密功能。

（7）混合云、集群管理

对于复杂的用户环境和需求，运维审计系统支持混合云管理和集群管理模式。

（8）文件传输审计，让数据窃取行为无藏身之地

不仅实现了对所有操作会话如在线监控、实时阻断、日志回放、起止时间、来源用户、

来源 IP 地址、目标设备、协议/应用类型、命令记录、操作内容的行为记录，还实现了将传输的文件完整备份在云堡垒机中，为恶意文件上传、拖库、窃取数据等危险行为起到了监控作用。

（9）丰富的 API，轻松实现平台化整合

云堡垒机提供了对用户、资产、授权的增、删、改、查等 API，允许第三方平台调用云堡垒机的 API，实现用户、资产、权限自动同步到云堡垒机中，简化云堡垒机配置工作。

（10）一键生产合规报表，省心又省力

"让审计更有价值"是安恒信息公司审计类产品一直遵从的理念，同样云堡垒机也提供了丰富的统计报表，对运维操作以及系统自身操作的行为进行各类统计和多维度分析。

（11）双存储架构等多种冗余机制，保障自身稳定、可靠

云堡垒机在硬件层面采用 CF 卡和机械硬盘的"双存储架构"，软件层面采用安恒信息公司专用操作系统和数据库，再结合端口聚合技术、独立磁盘冗余阵列（Redundant Arrays of Independent Disks，RAID）技术和 HA 技术，实现三重冗余备份的高可用架构，确保云堡垒机在单机运行状况下系统和数据的高度安全和稳定。

本章小结

云计算平台安全是云安全体系的基础，在云安全中起着不可估量的作用。本章首先阐述了云计算平台物理安全和虚拟化安全的概念、特点及安全风险，并针对存在的安全风险，提供了相应的安全措施，覆盖了云计算平台物理安全、云计算平台虚拟化安全和云计算平台运维安全三大方面。最后，以天池云计算平台为依托，重点讲解了云计算平台安全管理、防护与运维的三大典型应用产品，涵盖功能、特点、优势、价值、应用实践等方面。

课后思考

1. 请简述云计算平台的体系架构。
2. 请简述云计算平台面临的安全风险。
3. 请简述保障云计算平台物理安全的相关措施。
4. 请简述保障云计算平台虚拟化安全的相关措施。

chapter

06

云安全应用实践

学习目标
1. 了解不同行业的云安全应用
2. 理解不同行业的云安全风险及策略
3. 掌握政务云安全应用实践
4. 掌握教育管理云安全应用实践
5. 掌握教育实验云安全应用实践

云安全应用解决方案通常用于帮助保护企业在私有云和公有云计算服务中运行的安全。目前，已存在多种类型的云安全解决方案，可帮助企业改善安全状况，并降低风险。本章将从政务云、教育管理云、教育实验云 3 个方面阐述不同应用场景下的云计算平台安全体系构建和应用实践。首先，介绍不同行业云计算平台的概念、发展现状及安全风险；其次，基于安全风险分析，构建不同行业云安全防护体系及安全策略；最后，详细阐述使用天池云安全管理平台构建不同行业云的应用实践。

6.1 政务云安全应用实践

随着云计算技术的不断普及，政务云以其灵活部署、弹性扩展、低成本、高资源利用率等优势在各级政府部门日益受到推崇，成为电子政务集约化建设的重要支撑。本节首先介绍政务云的概念和发展现状，接着引出政务云建设中存在的安全风险，并基于风险分析结果构建政务云安全体系，最后分析政务云安全应用的典型案例。

6.1.1 政务云概述

本小节主要介绍政务云的概念及发展现状。

1. 政务云概念

电子政务云简称政务云，它利用先进的云计算技术来建设电子政务，构建以云计算为基础架构的电子政务平台，它将传统的政务应用展现到电子政务平台上，实现各政府部门以及政府服务对象的政务资源共享，提高政务应用的服务效率，丰富政务应用服务的功能，同时达到避免"信息孤岛"、整合资源、节约资金、实现统筹规划建设的目的。政务云的结构如图 6-1 所示。

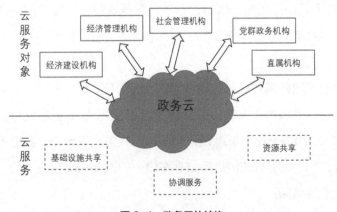

图 6-1　政务云的结构

2. 我国政务云发展现状

经过多年发展，我国政务云建设取得了显著成绩。中央层面，国家电子政务外网政务云平台已经为中央政务部门 30 余项业务系统部署并提供了统一、安全、按需使用的基础设施环境及技术支撑服务。地方层面，《中国政务云发展白皮书》（2018 年）的数据显示，2017 年，我国 31 个省级行政区（不包括港澳台）中，有 30 个省级行政区已经建有或正在建设（完成招标）政务云，占比超 9 成；在我国 334 个地级行政区中，有 235 个地级行政区已经建有或正在建设（完成招标）政务云，占比超 7 成。可以说，政务云已经成为各地发展电子政务的"标配"。

（1）多项政策文件为政务云发展指明了方向

2012 年 6 月，《国务院关于大力推进信息化发展和切实保障信息安全的若干意见》提出，"全面提升电子政务技术服务能力，鼓励业务应用向云计算模式迁移。" 2015 年初，《国务院关于促进云计算创新发展培育信息产业新业态的意见》提出，"探索电子政务云计算发展新模式。鼓励应用云计算技术整合改造现有电子政务信息系统，实现各领域政务信息系统整体部署和共建共用，大幅减少政府自建数据中心的数量。新建电子政务系统须经严格论证并按程序进行审批。政府部门要加大采购云计算服务的力度，积极开展试点示范，探索基于云计算的政务信息化建设运行新机制，推动政务信息资源共享和业务协同，促进简政放权，加强事中事后监管，为云计算创造更大市场空间，带动云计算产业快速发展。"《国务院关于积极推进"互联网+"行动的指导意见》也强调，"加大政府部门采购云计算服务的力度，探索基于云计算的政务信息化建设运营新机制。"

"十三五"以来，《国家电子政务总体方案》《"十三五"国家政务信息化工程建设规划》《政务信息系统整合共享实施方案》《"互联网+政务服务"技术体系建设指南》《云计算发展三年行动计划（2017—2019 年）》等一系列重要文件中均明确指出要加强政务云平台建设及应用。2018 年 10 月 29 日，工业和信息化部发布《电子行业 15 项国家标准报批公示》，15 项标准全部是基于云计算的电子政务公共平台服务规范、管理规范、总体规范、安全规范、技术规范等的内容，这是政务云在标准规范领域的重大进展，为各级政府部门政务云建设发展制定了标准和规矩。

（2）有力支撑电子政务集约化、数据共享和业务协同

政务云支撑电子政务集约化发展。目前各地政务云建设基本上采取对信息系统的运行环境进行整合的方式，即将已建信息系统逐步迁移到政务云平台上，新建系统通过购买服务的方式进行建设，最终使所有的信息系统都在统一的政务云平台上运行，初步形成电子政务集约化建设的发展格局。

政务云支撑数据共享和业务协同。随着政府部门云业务的不断增多，政务云平台积累

的数据也呈快速增长的趋势。贵州、江苏、广州等省市充分利用政务云平台数据聚合和关联分析等功能，将以往散落在各个部门的数据逐渐串联起来，让这些数据在扶贫、社会救助、综合治税等业务中展现了数据共享和业务协同的能力。贵州创新开发了"精准扶贫云"平台，打通了扶贫、公安、医疗等 17 个部门和单位的数据，实现实时共享交换，能够精准识别扶贫对象的车子、房子、医疗、社保、子女教育等情况，助力"真扶贫、扶真贫"。广州市使用部署在政务云平台上的信息共享交换系统之后，办税率由原来的 69%增加到98%，基本覆盖广州所有企业的税源，使财政每年增收 50 多亿元。

（3）基于政务云的深度应用让老百姓真正体会到便捷

经过不断探索，政务云已经基本形成了后台是数据资源支撑、前台是"互联网+政务服务"的应用模式。政务云应用逐渐走向前台，"让数据多跑路，让百姓少跑腿"的承诺不断兑现。截至 2018 年 9 月底，教育部基于云计算的国家教育资源公共服务平台已开通教师空间 1248 万个、学生空间 589 万个、家长空间 534 万个、学校空间 40 万个，让优质资源和创新应用惠及人人。以"数字广东"基于政务云开发的"粤省事"小程序为例，该程序从社保、户籍、交管、残疾人专门服务等常用场景和高频事项入手，将广东各个业务部门的民生服务通过数据开放共享和流程再造统一管理起来，通过"实人+实名"身份认证核验，无须重复注册，即可通办所有上线民生服务，实现了多人群全方位覆盖，通过指尖触达的方式使日常事项的办理流程更加方便、快捷。截至 2018 年 4 月，作为浙江"最多跑一次"改革的重要载体，浙江政务服务网在政务云的支撑下累计注册用户数已超过1660 万，浙江政务服务 App 下载量超过 840 万，已有 243 项便民服务接入浙江政务服务 App 中。云上贵州 App 平台主要包括服务频道、城市频道、部门频道 3 个栏目和网上办事大厅、群众需求征集两个独立版块，包含了全省医疗健康、交通出行、教育服务等各类服务，直接提供省政府政务服务中心覆盖的省、市、县、乡、村 5 级的近 16 万项政务服务。

6.1.2 政务云安全风险

云计算作为新兴的技术平台，在我国尚处于市场导入阶段，除了电信运营数据中心服务提供商和大型互联网公司外，政府也在积极地推动电子政务云的建设，试图通过集中建设，节约资金和资源，为各级电子政务应用和跨部门业务协同提供一个公共的平台，同时为智慧城市建设、大数据分析等提供更高效的数据支撑环境。云计算技术的引入，云计算平台、虚拟化技术的使用以及资源和数据的集中为政务云带来了潜在的安全风险。

下面分别从云计算架构的 3 种服务模式来分析政务云可能面临的安全风险，其对应的政务云安全风险立方图，如图 6-2 所示。

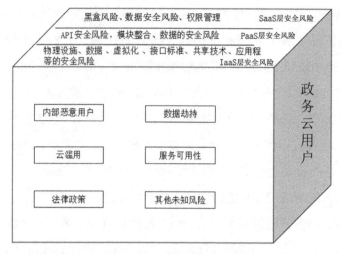

图 6-2　政务云安全风险立方图

1. IaaS 层安全风险

IaaS 层会给用户提供所有设施的使用权，使用用户可以自由地部署自己的操作镜像文件，所以对政府技术人员来说，租用 IaaS 模式所面临的安全风险是最大的。IaaS 层所面临的主要安全风险包括物理设施安全风险、数据安全风险、虚拟化安全风险、接口标准安全风险、共享技术安全风险和应用程序安全风险。政务云承载强大的数据中心，一旦发生自然灾害或管理人员的操作失误，就会对物理设备和数据的安全造成更广泛的影响。政务云用户使用的 IaaS 基本上都是基于虚拟机的服务，不安全的虚拟化软件可能会带来非授权访问、用户实例的非法删除等安全风险。虚拟机自身的安全风险有用户劫持、防火墙的薄弱等。API 本身也可能存在安全问题，提供服务时如果不能及时规避风险，将会导致整个政务云系统安全防护的丧失。IaaS 层准许使用底层架构，目前却没有提供用户之间的有效隔离，政务云和其他云共享物理资源时若不能保证用户隔离，政府信息保密性将受到严重的威胁。此外，在 IaaS 层，政务云用户的应用程序安全措施必须自己提供，云服务商将用户的操作系统当作黑盒来处理，所以应用程序面临的安全风险更大。

2. PaaS 层安全风险

PaaS 层安全风险主要包括 API 安全风险，模块整合、数据安全风险。平台应用中，政府技术人员利用 API 部署自己的应用，所以 PaaS 层给用户提供丰富的 API。由于 API 自身的安全问题和不同的云服务商没有统一的 API，即云服务商提供的安全保障不同，所以对不同云计算平台的政府部门的应用程序进行移植时会带来安全风险。不同于 IaaS 层，PaaS 层将底层的服务集合为一个整体后，以统一的 API 向用户提供服务，由于不同的云服务商缺乏统一的标准，所以在服务的集合过程中，会增加模块的安全风险。此外在 PaaS

层中，应用程序静态数据加密后将无法被索引和查询，所以其静态数据是不加密的。这些不加密的静态数据就有可能被恶意劫取或攻击。

3. SaaS 层安全风险

SaaS 层的政务云计算服务对用户来说是不透明的，用户直接使用软件服务，对软件的开发、数据的存储和底层架构的部署一无所知，所以用户面临着黑盒风险。同样，SaaS层在处理应用程序的静态数据时面临着与 PaaS 层相同的数据安全风险。除此之外，SaaS层政府部门技术人员无法评估整个云计算平台的安全性，安全性主要依赖于云服务商。除了电子政务云每层特有的安全风险外，还有几种共有的安全风险。无论政务云的哪种用户和云计算的哪个层次，都避免不了恶意内部用户的破坏或数据劫持，必须做好用户的权限管理和应用的权限管理。政务云建设由国家和大型电信或 IT 企业共同建设，投入大，但目前云计算服务安全交付使用甚少，造成了极大的云滥用现象。国外领先的 IT 企业，如谷歌 Gmail、CitriX、亚马逊 S3、微软 Azure，都曾发生过 2～22h 不等的宕机事件，严重破坏了云计算的可用性，造成无法挽回的巨大损失。政务云的所有参与者都要受到法律的约束，但法律法规的制定往往滞后于技术的发展。随着政务云的发展，未知的安全漏洞、软件版本、安全实践和代码更改、云计算平台的迁移等都可以给政务云带来其他未知的安全风险。

6.1.3 政务云安全体系构建

针对政务云存在的安全风险，政务云在安全方面需考虑多项因素，以提高政务云平台的安全性。本节通过构建政务云安全防护体系，并制定有效的安全防护策略，达到安全构建政务云的目的。

1. 政务云平台安全设计原则

政务云平台融合不同部门的不同业务系统，进行统一 IT 资源再分配，减少重复投入。政务云平台可以理解为一体化云政府服务体系，串联各部门云网络并将其编织成一张大云网，这种 IT 资源高度集中的安全设计必须坚持最小授信原则、云边界防护原则、数据隔离原则、传输分段原则、物虚分离原则、一体管理原则、多重控制协议保护原则等。

按照 CSA《云安全指南》，从传统信息安全理论出发，结合云计算特点，需要组成"人防""技防""服务"三维云安全保障体系，其中，"人防"主要包括用户层、服务提供层、虚拟层、数据中心层；"技防"主要包括身份识别认证、浏览器安全、基础设施、隐私审计、法规、虚拟机无边界、物理与租赁者分离、身份和访问控制、云计算环境中的数据安全、物理安全、网络和服务器安全；"服务"主要包括云计算 3 类即时服务。政务云平台三维云安全保障体系如图 6-3 所示。

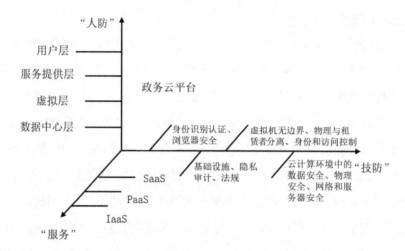

图 6-3 政务云平台三维云安全保障体系

下面分别从"人防""技防""服务"3 个维度详细介绍不同的防护措施。

一是在人员上落"实"安全责任。通过开展培训、应急演练、自查自纠、专项督查等方式，切实提高政务云平台管理员的安全意识和防范应对能力。

二是在技术上做"严"防护措施。对政务云平台中心网络设备、虚拟主机操作系统、数据库、中间件等设施进行全面的系统漏洞扫描和数据安全性测试，及时发现并修补安全漏洞，提高系统安全防护能力。

三是在服务层面上健"全"管理体系和防护策略，保证政务数据安全、可靠、稳定运行。

（1）物理基础环境

物理基础环境安全范围很广，政务云平台建立在云数据中心，包括刀片设备，传输网络，防火、防电、应急供电设施，避免自然灾害对其造成不同程度的毁坏。

（2）身份识别认证

由于政务云平台的服务方式是"租赁"，因此身份认证尤其重要，建立不同层级、不同属性的 CA 认证系统，对访问者进行身份识别。

（3）IDS

政务云平台 IDS 不仅部署在云计算平台进出口，云内部传输网络汇聚节点也必须部署 IDS/IPS，IDS/IPS 需要与防火墙、网闸策略联动。

（4）授信管理

政务云平台内网根据不同接入节点，分权限对租赁部门资源进行分级管理，同时设立

MIB 库记录特征值，从目录服务获取不同租赁属性信息，租赁部门以不同的访问权限控制云端资源。

（5）病毒防护

政务云平台病毒防护，不是用单纯某一特定病毒库来支撑杀毒功能，而是用在云端中不同类型的能够被实时采集、分析的病毒库。

（6）安全审计

审计是记录租赁者进行的所有网络活动的过程，主要包括识别访问者、访问环节记录、攻击来源判断，方便信息犯罪取证。

2. 政务云安全防护模型

通过参考 CSA《云安全指南》中的云安全框架模型，针对政务云安全风险，构建政务云安全防护模型，如图 6-4 所示。

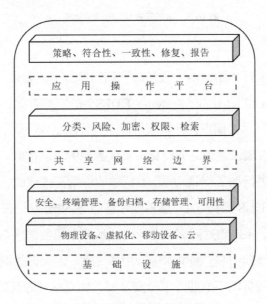

图 6-4　政务云安全防护模型

由图 6-4 可知，政务云安全防护模型自底向上分别对基础设施、存储、网络、应用等方面采取安全防护措施。具体安全防护措施可参考前文。

除此之外，我们将从云服务商、云用户、第三方监管机构、法律和政策、管理等几方面建立政务云安全风险防护体系，如图 6-5 所示。云计算环境中电子政务的数据安全传输，不仅需要云服务商加强技术手段，云用户自身也应具备一定的防护措施，还需要第三方监管机构的参与。另外，也需要保证政务云用户和政务云服务商的活动在法律政策的制约下进行。最后通过对政务云用户内部人员的管理，保证机关内网和外网的数据安全传输，通过对云服务商的内部人员管理来保证政务云数据中心的安全。

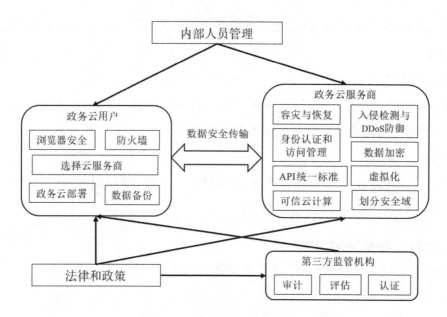

图 6-5　政务云安全风险防护体系

（1）云服务商

政务云服务商针对云环境中的电子政务数据和信息安全的要求，可采用 Hadoop 分布式文件系统（Hadoop Distributed File System，HDFS）的冗余存储、异地灾难备份机制、入侵检测与 DDoS 防范技术来保证云计算服务可用性。通过身份认证、访问管理技术进行实时的用户身份监控、权限认证和证书检查来实现数据的访问控制。政务云服务商应提供数据加密服务，对数据进行加密存储，防止数据被非法窥探或窃取。政务云服务商应统一 API 的标准，这有利于 PaaS 层和 SaaS 层不同政务业务的集成。云服务商可以根据政务云和其他企业云的不同，采用物理隔离、虚拟化技术等实现数据隔离。使用可信云计算技术，建设可信云计算的数据中心，提供可信云用户终端，以保证数据和信息的安全。政务云服务商还应根据电子政务的不同业务划分安全域，建立不同等级的安全保护。

（2）云用户

终端云用户需要维护浏览器的安全，并通过设置防火墙等来防止病毒的入侵。政府技术人员根据数据的敏感性和信息保密性，应把数据中心部署到不同的云中心。政府人员应明晰哪些信息资源应进入政府私有云应用服务系统，哪些信息应被公有云应用服务系统使用，从而有效保障在动态、开放的云端中政府信息资源的安全与保密，实现政府内外环境的隔离。机关内部应通过数据备份防止数据丢失。政府技术人员参照第三方监管机构提供的审计和评估结果，选择安全可靠的云服务商。

（3）第三方监管机构

第三方监管机构通过第三方审计、第三方评估、第三方认证来保护政务云安全。在第三方审计方面应建立集中的安全审计系统进行统一、完整的审计分析，通过对操作、维护等的各类日志的安全审计，提高对违规溯源的事后审查能力。集中审计平台，应涵盖网络层面的集中监控管理和业务层面的安全审计。作为一种新的管理模型，政务云有"很长的路要走"，有必要发现和研究政务云潜在的风险，并做好风险评估和脆弱性评估。政务部门技术人员应参照第三方评估机构提供的评估数据，这有利于实施政务云平台迁移、数据安全传输和存储，也有利于政府部门技术人员选择正确的云服务商。第三方认证要确认接入云系统的用户或者系统的身份，保证不同的政务云用户资源不被非法访问和数据保密。

（4）法律和政策

健全云计算法律和政策，出台政务云的专项法律法规，用法律来约束电子政务的所有参与者。细化法律到电子政务的各项业务、各个层面。相关法律要明晰云计算的付费标准、数据存储标准、数据使用权、技术标准，保证政务云信息和数据的安全。明确事故责任双方细则、赔偿事项，保证事故及时解决。制定行业标准、"政务云计算服务"合同规范来保证合同有法可依。

（5）内部人员管理

"三分技术、七分管理"，再强的防范技术，如果管理滞后，则政务云安全风险的防范只是隔靴搔痒。在云计算中，如果用户直接运用云服务商提供的操作软件和操作系统，甚至基本的编程环境和网络基础设施，恶意的内部人员就可以掌握政务服务的基本信息，利用自身的管理权限，进行恶意破坏，则云计算会对软件和硬件产生比当前因特网安全攻击更糟糕的影响。在要求传送稳定的公共服务时，安全和可靠对关键的公共部门来说尤为重要。所以提高管理人员的道德素质并对管理人员进行职业操守的培训，是保证政务云健康运行的必要条件。

6.1.4 政务云安全应用案例

本小节以浙江金华市政务云建设为例，围绕案例概述、需求分析、方案设计、部署实施及案例效果这几个方面，详细分析天池云安全管理平台在政务行业中的典型应用。

1. 案例概述

浙江金华市政务云，主要为金华市全市的各级政府单位提供云业务服务，政务云平台承载了全市党政业务系统及各区县的政务系统。金华政务云平台采用阿里云技术架构，平台本身按照等级保护三级标准要求进行安全建设，由于整体业务量庞大，云主机规模超过了 1000 台。随着云计算平台规模的不断扩张，金华市各级政府单位上云的进程逐步加快，但由于缺失云上安全防护体系，导致云上租户自身的业务安全和数据安全需求无法满足，云租户自身的业务系统无法满足等级保护合规的要求,这成了政府单位业务上云进程中的主要矛盾。

2. 需求分析

浙江金华市政务云需要满足如下几方面需求。

- 解决云上租户安全建设难题,全方位保障租户云上业务系统及数据的安全。
- 满足云租户等级保护的合规建设要求,应对上级监管。
- 帮助加快业务系统上云进程。
- 构建云上安全态势感知能力,全局掌握全市政务云的安全状态。
- 充分利用云计算、大数据,综合提升安全防护水平。
- 增强政务服务能力,提升业务响应速度。

3. 方案设计

安恒信息公司采用天池超融合一体机综合解决方案,在政务云平台数据中心本地构建统一管理、弹性扩容、按需分配、安全能力完善的云安全资源池,帮助解决云上业务安全问题的同时,提供包含 SaaS Web 防护、大数据安全分析、安全服务运营等服务能力,为金华市政务云提供全方位、立体化的云安全综合解决方案。解决方案整体架构如图 6-6 所示。

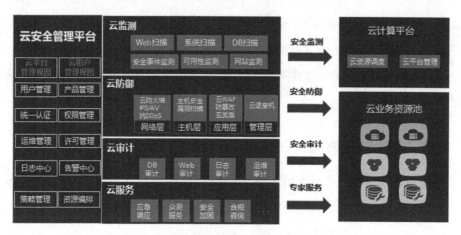

图 6-6 浙江金华市政务云解决方案整体架构

采用天池超融合一体机独立部署方案,在两个云计算平台的核心交换机旁路分别部署一套天池超融合一体机,在两个云机房本地各自建设了一套云安全资源池,为云上业务系统提供安全防护能力,帮助用户实现云安全可运营、云安全统一管理。安全防护能力包括:云堡垒机、云 Web 应用防火墙、云数据库审计、云综合日志审计、网页防篡改、综合漏洞扫描、玄武盾等。

云安全管理与应用

另外，解决方案还融合了安全服务内容，为云计算平台及租户提供专业安全服务，服务内容包括：移动 App 测试、系统上云测试、代码安全审计、等级差距性评估、协助加固、应急响应服务、渗透测试、7×24 小时网站安全监测、定期信息安全通告等。

4. 部署实施

采用天池超融合一体机的方式，通过智能引流的技术，把云计算平台的业务流量牵引到天池云安全资源池中进行清洗和防护，部署结构如图 6-7 所示。

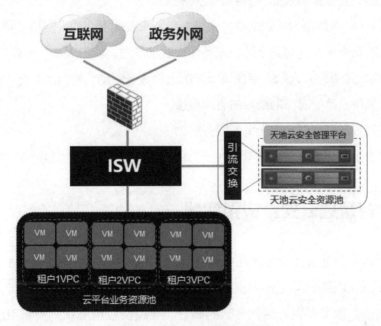

图 6-7　浙江金华市政务云部署结构

5. 案例效果

浙江金华市政务云建设取得了良好的应用效果，主要体现在以下几方面。

（1）理清了云安全责任边界

* 云服务商（阿里云）：负责提供满足安全合规要求、稳定可靠的云计算平台及基础设施环境，保障云计算平台自身的安全。

* 云服务商（金华市电信）：负责云计算平台及基础环境整体的安全运营和运维。

* 云安全厂商（安恒信息）：负责提供全方位的云安全能力，保障云租户侧的安全。

* 云租户（金华市各个委办局）：负责建设自身的业务安全架构，维护安全策略。

* 监管单位（金华信息中心）：负责总体监督云计算平台和云租户的安全态势，制定自身的云安全标准规范。

（2）满足等级保护 2.0 要求

本案例通过云安全资源池本地化部署的方式，为云租户提供满足等级保护合规要求所需的安全能力，帮助云租户云上业务系统快速满足等级保护要求。

（3）安全能力弹性扩容，按需所取

安全资源池性能不足时，可以通过将 x86 服务器加入集群，横向快速扩展性能；当某个虚拟安全产品性能不足时，可纵向无缝扩充 CPU、内存等资源，快速提升性能。

（4）大数据安全分析与天池内的防护设备联动

通过 AiLPHA 大数据智能安全平台的机器学习来发现潜在的入侵和高隐蔽性攻击，预测即将发生的安全事件并与安全防护设备形成联动能力，如防火墙、Web 应用防火墙、IPS 等，如发生攻击事件，大数据平台可以与防火墙设备联动，将自动安全访问控制策略下发至防火墙设备，第一时间阻断攻击者的链接。

（5）帮助云服务商实现云安全增值服务能力

实现云安全服务化，帮助金华电信为云上租户提供云安全增值服务，实现安全盈利。

6.2 教育管理云安全应用实践

教育云计算平台是云计算技术在教育行业的应用，为教育行业提供 IT、存储、应用等服务，在行业内部日常工作中占据重要地位。随着教育云的广泛应用，其安全问题也越来越突出。本节首先介绍教育云的概念、建设及应用现状，接着引出教育云建设中存在的安全风险，并基于风险分析结果，结合云安全技术的发展趋势，提出教育云安全体系，为教育云安全问题提供数据支撑和安全策略的参考，最后分析教育云安全应用的典型案例。

6.2.1 教育云概述

教育云是云计算在教育领域的深入应用，通过提供按需服务、动态调配的服务模式，面向教育机构、教育提供者和接受者提供所需的信息化教学、管理等应用服务，教育云的影响不仅体现在为传统教育教学和教育管理提供便利，还体现在创新传统教学和管理模式。本小节主要介绍教育云的概念以及我国教育云建设及应用现状。

1. 教育云概念

教育云即教育云计算技术的简称，是在继承云计算技术的基础上能够为各类教育人员提供具有针对性的教育资源和服务，并且对教育基本理论具有变革性促进作用的理论和实践。教育云具有 4 个特点。

（1）在技术实现层面界定了教育云与普通云计算之间的关系，即教育云是对普通云计算技术的继承。

（2）教育云是云计算系统和教育技术系统的一个子类。

（3）教育云在服务层面为教育领域人员提供具有针对性的服务。

（4）教育云对学习理论、教学理论、环境构建理论等教育理论产生了变革性的促进作用。

其中，前两个特点是教育云的领域定位，后两个特点说明了教育云的服务对象和对教育理论的影响。

2. 我国教育云建设及应用现状

据中国产业调研网发布的中国云教育行业现状分析与发展前景研究报告（2020 年版）显示，在我国大力推进信息化教育、数字化学习时代背景之下，"教育云"将助力"云教育"产业的信息化发展。随着我国云计算特别是物联网等新兴产业快速推进，"云教育"在近年来多个城市开展了试点和示范项目，涉及电网、交通、物流、智能家居、节能环保、工业自动控制、医疗卫生、精细农牧业、金融服务业、公共安全、政府公共学习等多个领域，试点已经取得初步的成果，将产生巨大的应用市场。

我国政府也在不断加大推进教育云建设方面的投资力度，教育部于 2012 年 3 月发布的《教育信息化十年发展规划（2011—2020 年）》明确提出：充分整合现有资源，采用云计算技术，形成资源配置与服务的集约化发展途径，构建稳定可靠、低成本的国家教育云服务模式。2019 年中国在线教育市场规模 3225.7 亿元，推动教育云市场发展。2019 年教育云市场规模为 85 亿元，2015—2019 年年均复合增长率为 26.7%。教育云平台中，星网锐捷位列第一，慧教云、有孚云紧随其后。

目前，云计算应用作为教育机构实现教育信息化的有效途径，将继续受到大力推崇，在国家财政对教育信息化持续大力支持的背景下，预计 2020—2025 年云计算在教育行业应用营收规模有望以 22%左右的增长率快速增长，此外，2020 年在线教育平台得到突飞猛进的发展，也加速了教育云市场增长。据此，前瞻预计到 2025 年市场规模有望达到 285 亿元。因此，推动教育云服务标准建设，规范教育云发展路径，实现教育云之间动态调配和按需使用，是对我国教育云建设和应用提出的必然要求。

6.2.2 教育云安全风险

教育云安全风险是我们应该关注的重点。云存储作为教育资源和数据存储的一种便捷有效的手段将会使大量的用户信息和数据资源存储在云计算平台中,那么对云计算平台中的数据安全、数据隐私保护和布设在不同地区的云基础设施的安全性问题缺乏健全的安全策略是值得我们认真对待的。本小节主要介绍教育云存在的安全风险。

- 恶意的 SQL 注入攻击风险。攻击者通过构造看似合法的 SQL 条件,利用系统漏洞,成功绕过或骗取网站的用户验证,直接进入系统后端的业务数据库系统执行未经授权的数据读写。攻击者成功注入后,不仅可以篡改、加载信息,恶意传播不良内容,还可以种植后门程序,严重影响系统的正常运行,甚至导致系统崩溃。

- 学生个人敏感信息保护风险。在教育云计算平台部署实施之前,应该告知学生该软件可能会涉及哪些私人信息,以及平台要遵循的法律义务。如果不明确条款,企业将面对法律风险。同时,要做好平台的基础网络安全防护工作,以免因为网络漏洞遭受恶意攻击。

- 恶意篡改教学信息风险。持有合法用户账户的教师因某种原因,蓄意破坏造成教学责任事故;或合法账户保密不当,造成账户泄密,被别有用心的人用于登录进入数据库,大面积篡改教学内容,加载恶意信息。

- 教学网络安全风险。主要包括网络入侵、恶意攻击等行为。因此,在教育云网络中,只能允许被授权的协议和服务来进行传输,丢弃未授权的服务和协议。

- 教学信息系统数据安全风险。无论是私有云还是公有云,在数据传输过程中,虽然采用加密数据和使用非安全传输协议的方法也可以达到保密的目的,但无法保证数据的完整性。这对于严格的数据体系来说,无疑是一个巨大的限制。

教育云的安全问题,是关系到教育云存在与否的关键问题。教育云中的应用程度越高,数据量越大,所带来的安全风险就越高。确保教育云的安全,既是技术问题,也是管理问题,必须从技术与管理两个层面入手加以解决。从技术层面来看,解决好基础架构是保障安全的关键要素。安全的基础架构一方面要基于教育云的自身规划与建设重点,按需配置,在体系构建的过程中,要重点关注开放性与动态可重构;另一方面要合理把握,按需部署,确保教育云的安全,要从动态可重构、实时监控和自动化部署等方面解决资源存在的问题。从管理层面来看,机制体制、运行维护、人才队伍等都是确保教育云安全的关键要素。

6.2.3 教育云安全体系构建

针对教育云安全存在的风险和隐患,教育云安全需要在传统信息系统安全措施的基础上,考虑云计算平台的特点,加入先进的安全技术,提高云计算平台的安全性。本小节通过构建教育云安全体系,将其按云计算平台边界和物理资源边界划分为 3 层,即基础设施层、平台组件层、应用接入层，并对其分别进行安全防护，同时设置安全管理，主要负责对安全事件的处理策略以及安全日志的管理。教育云安全体系结构如图 6-8 所示。

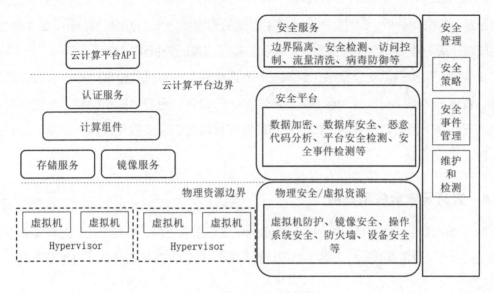

图 6-8　教育云安全体系结构

1. 基础设施层安全

基础设施层安全主要涉及物理设备安全、网络安全及虚拟化安全。物理设备安全涉及的地理、物理环境安全不再加以叙述。在网络安全方面，由于物理机安全直接关系到虚拟机的安全，因此需要用防火墙、IPS 等方式进行访问控制，同时部署 IDS 以检测网络攻击并警报。对进出流量同样需要部署流量监测系统，防止受到 DDoS 攻击，也要防止大量资源被攻击者控制而发动 DDoS 攻击。为防止物理机系统的入侵，需要部署恶意代码防护系统，保证物理机系统以及 Hypervisor 的安全。在平台内，虚拟机或物理机之间的通信同样需要流量监测及恶意代码防护，防止入侵的蔓延。虚拟化安全的主要防护思路是，在防止通过物理机入侵虚拟机的同时，要防止虚拟机横向地攻击其他虚拟机，也要防止纵向地入侵操作系统、虚拟机硬件，甚至物理机操作系统。

2. 平台组件层安全

平台组件层安全主要涉及的是云实例整个生命周期的各种操作和数据处理过程的安全。认证授权过程主要涉及加密算法的应用和密钥管理，可利用通用唯一识别码（Universally Unique Identifier，UUID）和公钥基础设施（Public Key Infrastructure，PKI）的方式进行授权认证。存储服务涉及数据的产生、传输、存储、使用、迁移、销毁、备份和恢复的整个生命周期。在生命周期的不同阶段对数据进行分类分级、标识、加密、审计、销毁等。

3. 应用接入层安全

需要进行身份认证鉴别，对访问者进行过滤；部署严格的访问控制策略和权限管理策略，对安全域内外的通信进行有效监控。Web 应用防火墙根据预设的安全规则检查流量，并对流量进行统计分析，实时监控云计算平台流量的地域分布、应用组成分布、变化趋势，并生成统计表。建立异常流量检测分析系统，实现流量的分析和过滤。

安全管理负责提供安全策略，保障业务的连续性。能够对安全事件和安全日志进行管理。管理云计算平台、云计算服务、云数据、云设备、运行维护和检测，并进行安全评估。云计算平台的管理者可以配备专门的安全管理组织以及管理人员，保障系统的良好运转。

6.2.4 教育云安全应用案例

本小节以浙江大学教育云为例，围绕案例概述、需求分析、方案设计、部署实施及案例效果这几个方面，详细分析天池实验云计算平台在教学信息系统安全合规建设场景中的典型应用。

1. 案例概述

2018 年浙江大学采用阿里云技术架构建设了一套云计算平台，目前该云计算平台已经建设完成并投入使用，主要为浙江大学内部的各个院系及浙江其他院校提供云资源服务，支撑教学信息系统及教务系统等上云，构建浙江大学自己的教育云，打造教育行业的云生态圈。但在教育云规划建设初期，没有充分考虑安全建设，尤其是云上的安全建设，为了解决教学业务系统存在的安全隐患，防止教学信息数据泄露，浙江大学计划建立和完善云安全建设，全面打造云生态圈的服务能力。

2. 需求分析

浙江大学教育云需要满足以下几方面的需求。

- 教育云上的教学业务系统自身安全防护。
- 云上教学业务系统的安全合规要求。
- 云安全资源统一管理、按需分配。
- 云租户（院系自身系统）安全自主管理、自助服务。

3. 方案设计

安恒信息公司采用天池超融合一体机云安全解决方案，帮助浙江大学在云机房搭建一套私有化的云安全资源池，为教育云上的租户提供安全服务能力，实现云安全能力服务化。云上的租户可以根据自己业务需求，登录天池云安全管理平台自助申请云安全服务，保障云上业务系统安全。

云安全资源池提供的安全能力包括：下一代云防火墙、综合漏洞扫描、云 Web 应用防火墙、网页防篡改、云数据库审计、云堡垒机、云综合日志审计、EDR 等。

4. 部署实施

天池超融合一体机采用旁路部署的方式，与浙江大学教育云计算平台的核心交换机互连，通过策略路由的方式对云计算平台的进出流量进行牵引，结合云安全资源池中的安全能力对进出流量进行清洗和防护，浙江大学教育云部署结构如图 6-9 所示。

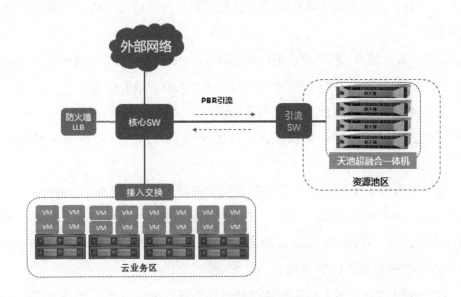

图 6-9　浙江大学教育云部署结构

5. 案例效果

浙江大学教育云计算平台的建设及应用完善了云计算平台自身的安全能力，对云计算平台本身进行了安全加固；构建了统一的安全资源池，提供多元的安全服务，解决云上业务系统安全问题；实现了云安全资源动态分配，按需使用；形成了云安全运营管理中心，实现云安全统一管理；打造了云安全增值服务。

6.3　教育实验云安全应用实践

实验教学作为高等教育教学的重要组成部分，存在资源分配不均、更新慢、共享程度低、教学质量低等问题。云计算凭借高共享性、高可靠性、高安全性和低能耗性等优势，在国内外教育领域被广泛应用，现已成为国家教育发展的战略方向。本节首先介绍实验云的概述，接着引出实验云建设中存在的安全风险，并基于风险分析结果，结合云安全技术的发展趋势，提出实验云安全体系架构，最后分析实验云安全应用的典型案例。

6.3.1 实验云概述

实验云是云计算技术在实验教学中的高级运用，它借助云桌面技术对实验资源进行虚拟化处理，形成虚拟资源池，根据教学需求进行组合，形成不同规格的虚拟机，最终以服务的方式为学生、教师提供远程虚拟实验室，为实验教学提供灵活、便利的技术支持。目前，国内外各大高校和企业都在积极研究和建设实验云的教学平台，并不断投入使用。

然而，由于硬件建设、教育理念和教学组织等方面的局限，目前很多高校在实验教学中存在大量的现实问题，严重影响了教学质量和人才培养质量的提高。

- 实验室硬件设备落后。由于电子设备更新太快，虽然学校投入大量资金，但大量硬件设备往往 3～5 年即被淘汰，即使学校不断注入资金也存在资源浪费等问题。

- 实验室管理工作繁重。不同的专业实验室要搭建不同的软、硬件环境，安装软件过程烦琐，如网络环境管理实验，往往需要服务器、多台用户端，配置一个真实环境需要大量时间，可行性较差，使用虚拟软件又存在快照文件的保存问题（计算机实验室一般都安装有硬盘保护系统）。

- 数据存储问题。学生的实验数据及资料不能存储在本地，而开放实验室的存储设备又会带来许多安全问题，如病毒、个人科研资料安全等。

6.3.2 实验云安全风险

本小节介绍实验云在建设及使用过程中存在的安全风险，主要体现在两大方面。

1. 实验基础设施的建设和使用困境

目前，大部分高等院校的实验室还主要依靠各学院和专业进行建设，其最大的困境之一就是实验资源有限与利用率低共存的矛盾。一方面，一些基础性实验课，如计算机基础实验课，往往需要在相对集中的时间内为大量学生安排实验，但由于实验室资源有限，无法有效满足短时间里的大量需求。另一方面，一些专业性比较强的实验室由于其软件环境配置的不同，往往由各学院或专业独立进行建设，此类实验课程不多，但实验资源由于其配置的专用性，导致无法共享。同时，多数院校采用先理论讲授、后实验验证的教学模式，造成实验课往往集中在学期中后期进行，学期后期更是实验课的高峰。此外，实验设备落后是高等院校实验基础设施建设的另一个重要困境。计算机软、硬件技术发展迅猛，部分院校由于资金问题，实验资源的更新周期比较长，这导致实验基础设施往往技术落后、性能不高，严重影响了学生的实验体验，制约了教师跟踪新技术并基于此开展实验课程，从而阻碍了教学质量的提高。因此，受实验资源更新周期的限制，高等教育的实验内容难以做到"与时俱进"。

2. 实验基础设施的管理与维护困境

高校实验室的计算机往往使用系统还原软件，在电脑重启后，删除所有的操作信息和数据，便于下次教学使用。这种管理方法可以有效简化实验基础设施的管理，降低计算机因为感染病毒而瘫痪的情况，但会导致学生的练习与作业无法保存，尤其是计算机因软件故障重启，会清空学生所做的实验，严重打击学生的积极性。

6.3.3 实验云安全体系构建

实验云基于新一代的虚拟化和云计算技术，构建虚拟仿真的实验环境，模拟真实项目的实战过程，促进专业教学与人才培养的双重发展，即"真实项目的实战就是教学，教学都在真实项目演练中完成"，为高校打造高水平的实验室教学管理平台，提升学校的整体教学能力与人才培养质量。针对实验云存在的安全风险，本小节详细介绍实验云安全体系构建流程，包括构建原则、体系架构等方面。

1. 实验云构建原则

- 可靠性：系统稳定、可靠，保障正常运行是实验云具有实用性的前提。
- 扩展性：实验云具备充分、灵活的适应能力、可扩展能力和升级能力。
- 易用性：实验云建设便于各种日常维护工作，能够方便地进行软件的重新配置、升级。
- 安全性：实验云具备较多的远程访问控制手段和防护措施，避免被外部不法人员攻击。

2. 实验云平台体系架构

实验云计算平台采用超融合模式集中部署，提供虚拟资源池，通过云资源管理模块实现底层计算、存储与网络资源的动态调度，通过集中化的实验教学模块实现对实训资源、教学及实验环境进行统一管理，具有较强的自适应性和扩展能力。实验云计算平台采用多层次体系架构，如图 6-10 所示。

由图 6-10 可知，在该实验云计算平台中包含各种计算机相关实验所需要的操作系统与实验相关软件和工具，利用存储虚拟化技术，实验云计算平台数据中心负责保存实验数据与实验结果，用户可随时随地通过远程终端方便、快捷地登录到实验云计算平台。

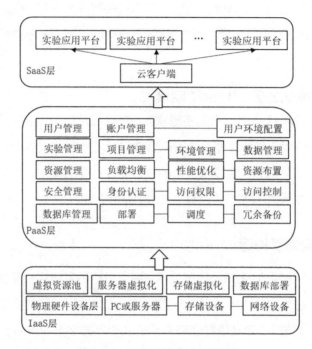

图 6-10 实验云计算平台体系架构

（1）实验云 IaaS 层

实验云 IaaS 层包含物理硬件设备层和虚拟资源池。物理硬件设备层包括现有校园网内的物理机（PC 或服务器）、网络设备及存储设备；虚拟资源池包括服务器虚拟化、存储虚拟化、数据库部署。可以根据高校实验室的计算机性能进行分类，并确定在物理机上创建虚拟机的数量与虚拟机的性能。在物理机上安装虚拟机操作系统 VMware，虚拟化多台计算机并根据需要安装不同的操作系统和实验系统平台软件，构建一个虚拟机集群，集群之间通过现有网络设备高速互联。

（2）实验云 PaaS 层

实验云 PaaS 层主要包括数据库管理、安全管理、资源管理、实验管理和用户管理等。数据库管理主要功能是对实验云计算平台上的数据进行部署和冗余备份，保证实验数据、用户数据的安全与快速调用。安全管理主要负责云计算平台上的系统安全管理、网络安全管理、用户认证及访问权限控制等。资源管理主要对虚拟资源层的各种资源进行布置与性能优化，并对众多的云资源节点上的负载进行均衡管理，如负载均衡策略管理、流量监控、用户登录导向管理、进程迁移、用户服务调度管理等。实验管理主要负责对实验云计算平台上实验过程进行管理，如实验项目管理、实验环境管理、实验数据管理等。用户管理主要包括账户管理和用户环境配置。

（3）实验云 SaaS 层

实验云 SaaS 层通过应用技术将计算能力封装成标准的 Web 服务，使平台中的任何一个用户在输入用户账号、登录验证通过后按实验需求进入不同的实验应用平台。用户选择本次进入的实验课程与项目及相关操作系统和应用软件后，系统根据实验云中各个虚拟机集群资源上的负载情况，为其分配合适的实验资源。实验云用户端通常安装在实验室的终端计算机上，对计算机的硬件要求不高，这样高校无须投入大量资金到本地终端，就可以使用实验云计算平台的大量信息资源，从而具有远超过终端性能上限的高强度计算工作和存储能力。

6.3.4　实验云安全应用案例

本小节以浙江师范大学实验云为例，围绕案例概述、需求分析、方案设计、部署实施及案例效果这几个方面，详细分析天池实验云计算平台在教学实验场景中的典型案例。

1．案例概述

浙江师范大学针对相关院系、相关专业的学生开设了网络及安全类的课程，为了满足教学指导学习的需求，学校实验室需要为学生提供各类安全产品来进行安全教学实验。但以往传统的做法为：实验室花费大量资金购买各种类型的硬件安全设备，分发至不同的教学实验室，上课时，老师通过讲解和操作演示的方式帮助学生了解和学习。但是，由于安全设备数量有限，并发登录操作有限制，因此无法保证每一位学生都有机会能够亲自操作体验。此外，硬件设备长期放置在实验室环境中，加之没有专业人员的维护，设备的寿命大打折扣。因此，学校急需找到一种能有效解决教学实验资源不足、维护困难、教学建设成本高等问题的解决方案。

2．需求分析

浙江师范大学需要通过构建实验云安全平台，满足以下 3 方面的需求。

* 提供多元化、能力丰富的安全产品，满足不同教学课程的教学要求。
* 可以实现学生一对一分配资源，学生可以自行申请、配置和使用自己的安全服务。
* 满足做实验时安全产品自助开通和自动化部署激活的需求，教学完成后可销毁安全产品回收资源。

3. 方案设计

安恒信息公司采用天池超融合一体机云安全解决方案,为学校的教学管理中心统一建设安全资源池,以云计算虚拟化的方式实现安全服务的即开即用、弹性扩容和按需使用,结合安全资源池的能力搭建教学实验平台,为学习提供云防火墙、云 Web 应用防火墙、云堡垒机、云数据库审计、综合漏洞扫描、云日志审计等安全服务,实现教学过程中安全资源按需分配、安全服务自动化部署激活、教学安全统一管理。

4. 部署实施

浙江师范大学大数据中心提供通用 x86 服务器,天池云安全管理平台及云安全资源池以软件方式安装部署在用户提供的物理服务器上,旁路连接在教学实验区的核心交换机上,网络与实验管理网连通,学生可以通过实验网访问云安全管理平台,自助申请和开通安全产品进行学习和使用,浙江师范大学实验云部署架构如图 6-11 所示。

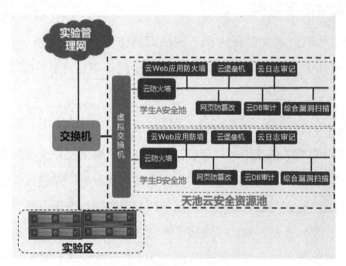

图 6-11 浙江师范大学实验云部署架构

5. 案例效果

浙江师范大学实验云计算平台的建设及应用不仅满足了教学实验特殊场景下安全服务即开即用、自动化部署与激活的需求,实现了安全服务删除销毁后,资源自动化回收再利用,同时也打造了先进的教学实验环境,在教育领域树立行业标杆,具有重要的示范意义。

本章小结

针对不同行业的云计算平台和云应用,提出相应的安全体系和策略,并进行应用实践。本章以天池云安全管理平台为依托,围绕政务、教学、实验 3 个不同应用场景阐述相应的云计算平台安全应用，并结合真实应用案例分析云安全应用的特点和价值。

课后思考

1. 请简述政务云存在的安全风险。
2. 请简述政务云安全体系构建过程。
3. 请简述教育管理云的概念与特点。
4. 请简述教育实验云存在的安全风险。

参考文献

[1] 冯登国. 云计算安全研究[J]. 软件学报，2011，22(1):71-83.

[2] 罗军舟，金嘉晖，宋爱波，等. 云计算：体系架构与关键技术[J]. 通信学报，2011，32(7):3-21.

[3] 骆祖莹. 云计算安全性研究[J]. 信息网络安全，2011(6):33-35.

[4] 姜茸，马自飞，李彤，等. 云计算安全风险因素挖掘及应对策略[J]. 现代情报，2015，35(1):85-90.

[5] 李亚方，俞国红. 云计算安全防范及对策研究[J]. 电脑知识与技术，2013(36):46-48.

[6] 姚平，李洪. 浅谈云计算的网络安全威胁与应对策略[J]. 电信科学，2013(8):90-93.

[7] 陈兴蜀，葛龙，罗永刚，等. 云安全原理与实践[M]. 北京：机械工业出版社，2017.

[8] 陈驰，于晶，等. 云计算安全体系[M]. 北京：科学出版社，2014.

[9] 林闯，苏文博，孟坤，等. 云计算安全：架构、机制与模型评价[J]. 计算机学报，2013，36(9):1765-1784.

[10] 池俐英. 云安全体系架构及关键技术研究[J]. 电脑开发与应用，2012，25(6):20-22.

[11] 中国电子技术标准化研究院. 云计算标准化白皮书[S]. 2012.

[12] 卿昱，张剑. 云计算安全技术[M]. 北京：国防工业出版社，2016.

[13] 刘婷婷，赵勇. 一种隐私保护的多副本完整性验证方案[J]. 计算机工程，2013(7):55-58.

[14] 余幸杰，高能，江伟玉. 云计算中的身份认证技术研究[J]. 信息网络安全，2012(8):71-74.

[15] 贾娟. 云应用安全标准建设亟待加强[J]. 软件和信息服务，2012(8):20-21.

[16] 罗红. 云应用安全防护三大最佳实践[J]. 计算机与网络，2014，40(10):48-49.

[17] 刘远生. 计算机网络安全[M]. 北京：清华大学出版社，2009.

[18] 徐云峰，郭正彪. 物理安全[M]. 武汉：武汉大学出版社，2010.

[19] 张艳辉. 云平台运维管理探析[J]. 信息技术与标准化，2014(11):64-67.

[20] 章谦骅，章坚武. 基于云安全技术的智慧政务云解决方案[J]. 电信科学，2017，33(3):107-111.

[21] 石虹，孙宏伟. 电子政务云安全分析[J]. 中国新通信，2018，20(10):227-228.

[22] 张洁. 我国电子政务云信息平台安全研究[D]. 武汉：中南民族大学，2013.

[23] 李可强. 智慧教育云安全分析[J]. 科技视界，2015(30):191，227.

[24] 兰孝臣，刘志勇，王伟，等. 国内教育云研究瞰览[J]. 电化教育研究, 2014, 35(2):38-44.

[25] 吴砥，彭娴，张家琼，等. 教育云计算服务标准体系研究[J]. 开放教育研究，2015，21(5):92-100.

[26] 房海群. 教育云计算服务架构研究与应用实现[D]. 成都：电子科技大学，2015.

[27] 傅务谨. 基于云计算的高校私有实验云的研究[J]. 电脑知识与技术，2013，9(13):3023-3025.

[28] 许正强. 智慧实验云建设实践[J]. 现代计算机（专业版），2017(3):57-60，64.